PUHUA BOOKS

我
们
一
起
解
决
问
题

U0125555

# 优势杠杆

## 让你脱颖而出的关键

王玉婷 著

人民邮电出版社
北京

**图书在版编目（CIP）数据**

优势杠杆：让你脱颖而出的关键 / 王玉婷著. --
北京：人民邮电出版社，2023.4（2024.6重印）
ISBN 978-7-115-60905-2

Ⅰ. ①优… Ⅱ. ①王… Ⅲ. ①人格心理学 Ⅳ.
①B848

中国国家版本馆CIP数据核字（2023）第002908号

## 内 容 提 要

弥补短板，可以防止失败；发挥优势，才能通向成功。本书运用优势识别技术，以实际案例和具体步骤阐明如何认识优势、发现优势、展示优势和深耕优势，其中包括12个让你脱颖而出的有效工具、20个发现和发挥优势的实用技巧及42个职场突围案例讲解，涉及职业发展、人际沟通、打造高绩效团队、改善亲子关系等场景，使读者可以通过参考实际案例并针对各类场景，找到适合的方法进行刻意练习，从而实现运用优势杠杆放大自身努力的效果，事半功倍地朝着目标前进。

无论是自身定位不清晰、职业生涯处于低谷，还是对未来缺乏信心、人际沟通不顺畅，运用本书提供的工具和技巧，都能帮助你发现和运用优势杠杆撬动美好人生。

◆　著　　　王玉婷
责任编辑　黄海娜
责任印制　彭志环

◆人民邮电出版社出版发行　　北京市丰台区成寿寺路11号
邮编 100164　电子邮件 315@ptpress.com.cn
网址 https://www.ptpress.com.cn
涿州市般润文化传播有限公司印刷

◆开本：880×1230　1/32
印张：7.25　　　　　　　　　2023 年 4 月第 1 版
字数：150 千字　　　　　　　2024 年 6 月河北第 4 次印刷

定　价：59.80 元
读者服务热线：**（010）81055656** 印装质量热线：**（010）81055316**
反盗版热线：**（010）81055315**
广告经营许可证：京东市监广登字20170147号

　　人工智能在越来越多的方面会超越人，甚至是非常优秀的人。所以放大自己的优势，提高自己在人群中的辨识度，让自己的个人品牌被更多人认可，可能是每个人必须思考的问题。王玉婷老师的这本书能很好地帮助你发现和放大自己的优势，值得一读。

　　　　　　　　　　　　　　　　　　　　　　　　——秋叶

　　　　　　　　　　　　　　　　　秋叶品牌、秋叶PPT创始人

　　《优势杠杆》是操作性极强的个人成长指南。如果你想找准并用好自己的优势，活出更好的人生状态，这本书肯定能帮到你。

　　　　　　　　　　　　　　　　　　　　　　——剽悍一只猫

　　　　　　　　　　　个人品牌顾问、《一年顶十年》作者

如果你不知道自己擅长什么，那么本书就是为你量身定制的。玉婷老师在书中手把手教你如何认识、发现和展示优势，以及如何运用优势实现职业突破。你还可以运用书中的方法实现高效沟通。

——陈璋

上海交通大学 MBA 课程教授、《培训力》作者

玉婷老师用自己过往的培训和咨询经历，教你如何更好地发现和发挥优势。如果你在职场上陷入迷茫，找不到职业规划方向，相信这本书能帮助你找到属于自己的职业愿景。

——龙兄老师

CEO 演讲教练

《优势杠杆》是职场人的优势发展指南，能帮助你摆脱迷茫，在工作中更加游刃有余。玉婷老师是资深的优势教练，相信她的这本书能够成为你撬动美好人生的杠杆。

——李燕飞

施璐德亚洲有限公司 CEO、施璐德智利公司董事长

　　以前，我们强调取长补短，就是学习别人的长处以弥补自己的不足；但现在我们强调发挥优势，因为一个人的优势就是他的核心竞争力。如果你想挖掘和发挥自己的优势，推荐你读一读《优势杠杆》这本书。

——倪其孔

MBA 智库创始人&CEO

　　在哈佛大学最受欢迎的幸福课上，泰勒·本 - 沙哈尔引导大家思考"什么才能使我幸福"。回答这个问题的重点是将其拆解为三个关键问题并找到它们的答案：什么对我有意义，什么能带给我快乐，我的优势是什么。

　　亚里士多德曾说："幸福是生命的意义和使命，是我们的最高目标和方向。"每个人都期待收获更多幸福感，而幸福感便源于我们的日常生活和工作。就工作而言，每个人都有机会找到最理想、最适合自己的工作状态，我们把这种工作状态称为"工作甜蜜点"。

　　工作甜蜜点模型包含 3 个核心元素：优势（Strengths）、热情（Passion）、价值（Value）。3 个元素的交集就是甜蜜点。

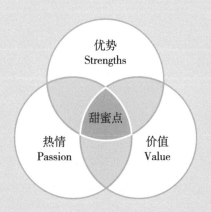

如果你在工作中不能发挥自己的优势，那么做起来就会感觉很吃力，不容易获得成就感；如果你对这份工作不是很喜欢，就很难持久投入；如果这份工作在价值回馈方面不能满足你，如薪资、福利等，那么你就会总想着换工作。

## 我的故事

研究生毕业后，我进入一家外企，成为一名软件工程师。工作 3 年后，我发现自己对软件研发工作越来越没有热情，在工作中也没有太大的成就感，但当时我并不清楚自己到底想做什么。

于是我开始探索，决定试一试项目管理。在领导的建议下，我学习了国际项目管理课程。后来，我有机会做与项目管理有关的工作，但做了一段时间后，发现自己对这份工作并不如想象中那么喜欢。

于是我继续探索，包括调岗、换部门，积极参与公司组织的各种活动。直到我参加了公司所在园区举办的一场英文演讲活动，才发现自己真正喜欢的是演讲、分享和培训。

2017 年 11 月，在一位朋友的推荐下，我做了盖洛普优势测评。测评报告显示，我的前五项才干是积极、专注、取悦、沟通和成就。

我终于明白自己为什么不喜欢做软件研发工作，而对演讲、分享和培训抱有极大的热情了，原来都是我的才干在发挥作用。积极、取悦和沟通才干让我更喜欢与人交流，而不是每天对着机器默默地做事。此时，我对未来的工作方向有了新的认识。

2018 年年初，我开始全职从事培训工作。转型之后，我连续开发了多门课程并在各大企业讲授。例如，我曾受邀为阿里巴巴、泰康资产、大众汽车和施罗德投资等知名企业开展优势发掘和演讲方面的培训，并且每次培训都收到大量好评。

现在，除了做一对一的咨询外，每年我都有100多场培训，包括公开课和企业培训。另外，我开发的线上精品课程"24堂优势打造课"在喜马拉雅、知乎、网易公开课等30多个平台上线，深受大家的喜欢。

现在，无论培训、授课，还是当教练、做咨询，每次在工作前，我都充满期待。即便有时晚上或周末要加班备课，我也乐此不疲。

这种感受与我之前做软件研发工作时的完全不同，我好像找到了自己的天赋使命——帮助他人、成就他人，对此我感觉特别快乐！同时，我的收入也实现了倍增。

做擅长的事，事情会变得简单，你会更容易获得成就。所以，我非常期待能帮助更多人发现和放大自己的优势，让自己收获更多的喜悦和成就，让工作和生活更美好。这也是我写本书的初衷。

## 发挥优势给你带来的价值

如果你正面临以下问题，那么借助优势工具，可以很快找到突破口：

- 每天机械地上班、下班，总觉得动力不足；
- 每天忙忙碌碌，但成果有限；
- 频繁跳槽，但转型困难；
- 觉得自己没有一技之长，进入了职业"天花板"；
- 与同事容易发生冲突，总是合作不顺畅；
- 想要寻找更有"意义"的工作。

......

一直以来，我们听到的都是"哪里不足补哪里"，这种短板思维让我们总是关注自己做得不好的方面。然而，弥补短板是一条最难走的路。殊不知，在自己擅长的方面，你才最有求知欲、最有创造力。

在过去几年，我帮助了数万人发现和发展优势，见证了优势为他们带来的改变和突破。

无论是没有动力、缺乏自信，还是工作迷茫、遇到瓶颈和挑战，核心问题都在于，我们对自己的优势和才干不是很清晰。人的精力有限，我们应该把大部分精力投入到最显著的优势上。

结合过往培训和咨询经历，我将发挥优势能带来的价值总结为 5 个方面：

● 找到职业发展定位；

● 快速升职、加薪；

● 提升人际沟通能力；

● 打造优势互补的高绩效团队；

● 发现孩子和家人的优势，提升亲子关系和亲密关系。

关于这 5 个方面的价值和实现的方法，我在这本书中都进行了详细的讲述。

每个人都可以成为一束光，在照亮自己的同时，温暖和成就他人。我们的优势就是这束光里最闪耀的部分，它不仅是我们的核心竞争力，还是最重要的资源、动力和杠杆。当我们充分展示出自己的优势并让更多人看到时，我们才会光芒四射。

为了帮助你更好地发现和运用自己的优势，本书还分享了大量案例，这些案例都源于我的过往培训和咨询经历，相信你从这些案例中会看到自己的影子。

　　你还可以通过书中的"思考清单"对自己进行复盘，并通过"小练习"行动起来。运用本书中提供的方法，我相信你能很快发挥优势的杠杆作用，让自己脱颖而出！

王玉婷

2023 年 1 月 28 日于北京

# 目录

## 第二章 发现优势：找到核心竞争力

◇ 在擅长的事情上努力，你会越努力越幸运；在不擅长的
事情上努力，你会越努力越迷茫。

## 第三章 展示优势：让已有的价值被看到

◇ 每个人都渴望和都值得被看见、被支持、被点亮。

第二部分

# 深耕优势

## 第四章 职业突破：基于优势找到适合的方向

◇ 如果你能够找到一个你喜爱的工作，你会觉得这一生没有一天在工作。

## 第五章 人际沟通：优势沟通达成共赢

◇ 基于优势和上级沟通，为你打开一个向上管理的窗口。

## 第六章　优势整合：打造高绩效团队

◇ 让团队成员发挥所长，才能真正做到"人岗相适、人尽其才"。

## 第七章　优势绽放：活出幸福人生

◇ 在自己擅长的细分领域持续深耕，做长跑型选手，活出幸福人生。

## 附　录

第一部分

# 发现优势

古希腊物理学家阿基米德曾经说过："给我一个支点，我就可以撬动地球。"这便是运用杠杆原理巧力办大事。在现实生活中，优势就像杠杆一样，是我们成长和职业发展的有力抓手。

# 第一章

# 认识优势

## 财富倍增的秘诀

●●●●

如果我们更看重人们好的一面，而不是
想办法修补他们的不足，结果会怎样？

——唐纳德·克利夫顿，心理学家、教育家

# 木桶原理陷阱：与其补短板，不如增长板

 **案例：弥补不足，还是发挥优势**

办公室里，领导正在和下属小李做年终的绩效沟通。这一年，小李所做的项目 100% 实现了交付，还收到了客户的不少好评，这个业绩在团队中至少排名前三。根据公司的绩效考核标准，小李觉得自己今年升职在望，所以心中很期待这次沟通。

在沟通接近尾声的时候，领导对小李说："小李，这段时间辛苦你了，尤其在新项目的投入上，我看你们花了很多时间和精力，做得很好。但是，也要注意提高其他方面，

如情绪管理……"

　　小李原本满怀期待，但领导这番话让他觉得升职无望，心情一下子跌至谷底。

● ● ● ● ●

"你要改正缺点，弥补不足！"这句话已经深深地烙在我们的内心。小李的领导也是如此，所以他希望小李能弥补短板。找到自己的不足，然后制订改进计划，弥补短板，以实现个人的全面发展，这是传统的个人发展方式。

　　然而，事实真的如此吗？对数字不敏感的人，即使投入再多的努力，依旧很难做好那些和数字有关的工作。

　　我们回想一下，在求职面试过程中，决定自己脱颖而出、最终被录用的关键，是自己的短板，还是自己的优势？当我们努力弥补自己的短板时，即使做到了，我们取得的结果与付出的努力成正比吗？

　　答案很可能是否定的。当我们这样做时，除了感觉比较吃力之外，可能心中还会有些不情愿。

　　这种"不得不做"的压力可能来自我们的领导、同事、家人，甚至社会环境。当然，也有可能是因为我们有一颗不服输的心——想要挑战自己。

　　这就不得不提到管理学中的一个经典理论：木桶原理。

弥补短板就能成功？

很多人对木桶原理的理解是这样的：决定一个人成就大小的并非其优势，而是其短板。很多人认为木桶原理想要说明的就是我们不要"偏科"，各方面都好才能达到最好的效果。

这也是木桶原理又被称为"短板理论"的原因，即该原理主张弥补短板。"短板理论"似乎暗含了我们常说的"取长补短"之意，所以被大众广为接受。

但是，木桶原理到底说的是什么？

一个木桶的盛水量并非取决于最长的那块木板，而是取决于最短的那块木板。根据这一点，我们可以得出两个结论：一是只有所有木板都足够高，木桶才能盛更多的水；二是只要这个木桶有一块短板，木桶就不可能盛满水。

在团队管理方面，木桶原理是适用的。在一个团队里，决定团队战斗力强弱的，不是能力最强、表现最好的那个人，而恰恰是能力最弱、表现最差的那个人。

因为，最短的木板会对最长的木板起到限制和制约作用，并决定团队的战斗力和影响团队的综合实力。关于团队打造，本书将在后面章节详细展开讨论。

但在个人发展方面，与花费精力弥补短板相比，更高效的方式是精进长板、发挥优势。不断拉高长板，让优势不可替代，并且成为自己的核心竞争力。

**当我们盯着自己的不足，总想着弥补短板时，往往容易忽略自己的优势。**

金无足赤，人无完人。每个人都有自己不擅长的方面，也有做起来得心应手的事情，所以，我们更需要扬长避短。

在工作中，扬长避短的前提是充分了解自己。一般情况下，与工作相关的短板可以分为三类，即知识技能、个性性情和天赋才干。

有些短板通过后天学习和实践就能得以弥补，如知识技能，有些短板则很难弥补，如天赋才干。每个人的时间和精力都是有限的，当我们在大力"补短"时，可能就错过了发挥优势的机会。

**与工作相关的常见短板分类**

| | | | |
|---|---|---|---|
| 知识技能 | 指在某些知识和技能方面有所欠缺，这类短板可以通过学习和实践来提升，是比较容易弥补的短板。 | 举例 | 如演讲技能、写作技能。有些人不擅长在公开场合演讲，可以通过学习演讲技巧和提前演练来解决这一问题。 |
| 个性性情 | 指一个人经常表现出来的、比较稳定的、带有一定倾向性的心理特征的总和。每个人的个性不同，适合的职业方向也不同。 | 举例 | 有些人个性优柔寡断，很难胜任需要经常做决策的工作；有些人比较感性，容易受自己或他人情绪的影响；有些人则比较理性，不容易受外界的影响。 |
| 天赋才干 | 指一个人在某些方面具有独特的天赋和潜能。由于才干不同，人们喜欢和擅长做的事情也不同，在生活和工作中自然会有不同的表现。 | 举例 | 有些人擅长思考，有些人善于解决问题，有些人则喜欢与人打交道。 |

 ## 案例：贝克汉姆的任意球

足球明星大卫·贝克汉姆曾两次获得国际足联授予的"世界足球先生银球奖"。

与很多球员相比，贝克汉姆的短板十分明显。甚至在成为世界著名球星之后，他仍饱受争议，很多批评都聚焦在他的不足上。曾有人这样评价贝克汉姆："他不会用左脚踢球，不会头球，不能截球，也得不了很多分，除此之外，他都还不错。"

在速度方面，贝克汉姆比大部分进攻型球员都慢得多，但他具有非常出色的定位技术，总能找到一个最佳位置绕过对方的后卫，而且他还具有出色的射门技术和精准的传球技术。作为足球史上最著名的任意球专家之一，贝克汉姆被很多人记住了。

据报道，贝克汉姆常常在其他球员结束训练以后，仍留在球场练习任意球，而且每次都会练习几个小时。

● ● ● ● ●

试想，如果贝克汉姆花费大量时间用于提升跑动速度或左脚踢球的能力，那么他的职业生涯又会是什么样？

结果很可能是泯然众人，他的名字也就鲜为人知了。

另外，当我们换个角度看问题时，很多人眼中的短板其实可能是一种优势。一些人可能会被认为"呆板"，但他们做事一丝不苟、严格遵守规则；一些人可能会被认为"话痨"，但他们喜欢表达、擅长与他人沟通。

每个人的做事方式并没有好坏和优劣之分，关键是能否在合适的时机或场合表现出来。

当我们看到一个人身上的"短板"时，换个视角说不定恰好就是他的优势。

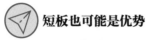 短板也可能是优势

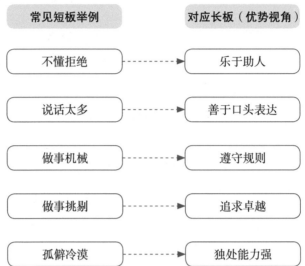

| 常见短板举例 | 对应长板（优势视角） |
|---|---|
| 不懂拒绝 | 乐于助人 |
| 说话太多 | 善于口头表达 |
| 做事机械 | 遵守规则 |
| 做事挑剔 | 追求卓越 |
| 孤僻冷漠 | 独处能力强 |

# 发挥优势杠杆，将业绩放大 10 倍

 **案例：阅读速度提升近 10 倍**

　　美国内布拉斯加州立大学针对快速阅读法开展了大量研究。超过 1000 名学生参与了这项研究，研究人员分别在培训前和培训后对他们进行了阅读速度和理解能力测试，结果很有戏剧性。

　　在培训前，阅读速度较慢的学生每分钟读 90 个单词，阅读速度最快的学生每分钟读 350 个单词。经过快速阅读法培训之后，阅读速度较慢的学生将阅读速度提升至每分钟 150 个单词，而阅读速度最快的学生则将阅读速度提升至每分钟 2900 个单词。

对于这个结果，研究人员感到十分震惊！

 **阅读能力研究结果**

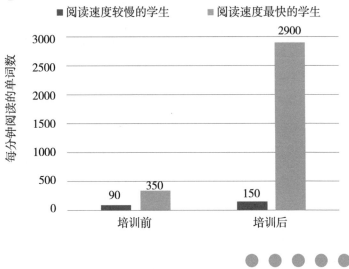

上述研究结果显示，快速阅读法训练对"补短"的学生而言，只有近 2 倍的提升；对"发挥优势"的学生而言，则有近 10 倍的提升。可见，弥补短板固然可以提升我们的能力，但是发挥优势才能激发我们的最大潜能。

当我们做自己擅长的事情时，一般都会感觉相对简单，自然更容易获得成就；当我们做自己不擅长的事情时，即使很努力，效果可能也并不显著，成就感自然就比较低。

正如上述案例所表明的，阅读速度最快的学生，在阅读方面具有优势，后天的训练和投入会将他们的优势进一步放大，从而达到惊人的效果。

这就意味着，如果我们在自身优势上投入较多精力，就会拓展出超乎寻常的发展空间。

**一个人一旦找到自己的独特优势，也就找到了自己的核心竞争力。**

如果我们在工作中懂得发挥自己的优势，充分释放自身的潜能，就能发挥优势的杠杆作用，这样不仅可以将业绩放大 10 倍，达成业绩的速度也会更快。

## 业绩放大 10 倍的秘诀

当我们做自己擅长的事情时，会觉得如鱼得水，而且还会大大降低取得成功的成本，提高成功的概率。

 **案例：乔布斯的优势如何帮助他获得成功**

苹果公司联合创始人史蒂夫·乔布斯并不喜欢大学期间所学的课程，也看不到这些课程的价值，因此他的学习很吃力。后来，他选择了退学，然后去学习他觉得有趣的美术字课程。

在学习美术字时，他感受到了字体的美妙，并且取得了优异的成绩。

10 年后，乔布斯带领苹果公司团队设计出了能够展现这些漂亮字体的软件，并且其设计的装载这些软件的计算机和手机等电子产品也风靡全球。

● ● ● ● ●

假如乔布斯当年没有选择退学，他就不会有机会参加自己喜欢的美术字课程，苹果公司团队设计出的电子产品就不会有这么多丰富的字体，以及让人倍感舒适的字体间距。

乔布斯喜欢并擅长创意设计，无论他带领的团队设计出的电子产品，还是他创立的皮克斯公司制作的世界上第一部计算机动画电影（即《玩具总动员》），无一不展示出他在创意设计、创新方面的天赋优势。

当我们遵循自己内心的指引，做自己喜欢和擅长的事情时，往往更容易做出成就，并且将自己的优势和业绩同时放大，发挥优势的杠杆作用。

**业绩放大 10 倍的秘诀**

有的人天生喜欢表达，擅长与人沟通，如果他们从事销售、导游等需要与人打交道的工作，就会比较容易获得他人的好感，从而赢得他人的信任。

相反，如果他们做需要经常独处的工作，可能会觉得很无趣，因为他们的沟通、表达优势得不到发挥。

关于如何找到自己的天赋优势，我在第二章会介绍 4 条线索。你也可以通过下面的天赋优势小测试看看自己在工作方面具有哪些天赋优势。

**思考清单**

☐ 回顾过往的学习和工作经历，我一直在做弥补自己短板的事情。

☐ 回顾过往的学习和工作经历，我一直在做发挥自己优势的事情。

☐ 回顾过往的学习和工作经历，我主要在做发挥自己优势的事情，偶尔会弥补短板。

# 天赋优势小测试

请你根据自己的实际情况和第一反应，就下面 10 种描述为自己打分，看看自己在工作方面具有哪些天赋优势。

## ·天赋优势小测试·

1 分 = 很不同意，2 分 = 不同意，3 分 = 既不同意也不反对，4 分 = 同意，5 分 = 非常同意

1. 善于发现问题和解决问题，热衷于排忧解难。

    1       2       3       4       5

2. 行动力强，能够将想法快速付诸行动。

    1       2       3       4       5

3. 具备很强的组织协调能力，做事灵活高效，善于合理安排资源。

    1       2       3       4       5

4. 为人谨慎，做事严谨，做决定前会考虑各种可能性，并做好充分的准备。

    1       2       3       4       5

5. 做事锲而不舍，喜欢忙碌充实的生活，渴望有所建树。

    1       2       3       4       5

6. 能够换位思考，设身处地为他人着想，体会他人的感受。

    1　　　　2　　　　3　　　　4　　　　5

7. 喜欢展望未来，能描绘未来可能会发生的场景。

    1　　　　2　　　　3　　　　4　　　　5

8. 喜欢脑力活动，善于思考，喜欢自省和沉思。

    1　　　　2　　　　3　　　　4　　　　5

9. 善于表达自己的想法，擅长讲解和表达。

    1　　　　2　　　　3　　　　4　　　　5

10. 渴望不断提升自我，享受求知的过程，努力学习。

    1　　　　2　　　　3　　　　4　　　　5

请找出得分最高的 3 项，将序号与下面的 10 项天赋优势相对应，这 3 项就是你的天赋优势。

 **10 项常见天赋优势**

| | |
|---|---|
| 1. 解决问题能力 | 6. 共情力 |
| 2. 行动力 | 7. 前瞻力 |
| 3. 组织协调能力 | 8. 思考力 |
| 4. 风险评估能力 | 9. 表达力 |
| 5. 执行力 | 10. 学习力 |

# 找对优势，精准努力

你可能会问：既然要发挥优势，那我们是不是就不必关注自己的短板了？

我们倡导发挥优势，并不意味着忽略短板。而且有时我们确实需要关注自己的短板，尤其当短板影响我们达成某个目标时。

以工作述职为例。一个人在工作述职中的表现可能与其绩效考核紧密相关，此时，如果他不擅长表达，述职需要用到的演讲和汇报技能就是他需要管理的短板。

"每当看到台下坐着那么多领导，我就特别紧张，不知道该怎么说话……"

这是我经常收到的学员们的留言，他们大多是 500 强企业的员工，工作很努力，并且得到了领导的认可，但是一到工作汇报、工作述职等公开发表讲话时，他们就难以自如地表达。显然，演讲和汇报技能此时就成了影响他们的短板。

在这种情况下，他们可以学习商务演讲技巧，提升自己当众表达的能力，从而降低公开表达这一短板对自己的影响。

同时，他们也要学会在汇报中展示自己的优势和业绩，不要让短板成为自己职业发展的绊脚石。对此，我将在第三章中详细介绍如何管理短板和展示优势。

当然，这并不意味着每个人都要成为演讲高手，而是要掌握演讲和汇报工作的基本技巧，能够在工作述职中表现自如，达成自己的述职目标。

如果你的大部分日常工作只需独自完成，如设计图纸、编程、写文案，并且这些日常工作与表达、演讲基本不相关，甚至也不需要你做工作述职，那么公开表达这一短板就不会成为你的阻碍，此时，这一短板就可以暂时忽略。

在职场上，决定一个人升职、加薪的一定是他的优势，而短板只需不影响优势发挥即可。

**弥补短板可以防止失败，发挥优势才能通向成功。**

当你做自己擅长的事情，并管理好自己的短板时，就会把这件事做得越来越好，你的业绩也会突飞猛进。

所以，个人成长和职业发展的最佳模式是找对优势、精准努力，即专注于发展自己的优势，把长板变得更加突出，让其成为自己的核心竞争力。

**找对优势，精准努力，让你的努力一步到位。**

来自盖洛普咨询公司的研究数据表明，发挥优势会使人们在工作中更加自信，有更好的工作表现和业绩。企业基于优势理论打造团队不仅能让员工更敬业，还能大幅提升企业的经营业绩，如销售额、绩效和利润等。

 **基于优势发展的企业和员工**

**基于优势发展的员工**
- 敬业的可能性是其他人的 6 倍
- 认为每天都有机会发挥优势的可能性是其他人的 6 倍
- 拥有高品质生活的可能性是其他人的 3 倍

**基于优势发展的企业**
- 员工敬业的概率提高 7%~23%
- 销售额增加 10%~19%
- 绩效提升 8%~18%
- 利润增长 14%~29%

*数据来自盖洛普咨询公司官网

当团队管理者关注员工的短板时，员工的敬业概率是 45%，怠业概率是 22%；当团队管理者关注员工的优势时，员工的敬业概率可提升至 61%，而怠业概率则下降至 1%。

**管理者的不同关注对员工的影响**

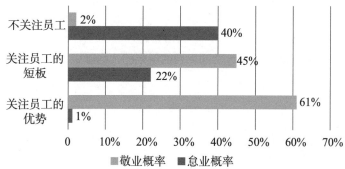

\* 数据来自《盖洛普优势识别器 2.0》

无论我们想要获得个人的加速成长，还是想要在企业和团队中有更好的发展，发挥优势带来的价值远远超过关注和弥补短板带来的价值。

### 思考清单

☐ 作为团队管理者，我更关注员工的优势。

☐ 作为团队管理者，我更关注员工的短板。

☐ 作为团队管理者，我只关注工作，不关注员工。

这种强化优势发展的取向还能帮助我们看到自己和他人做得好的方面，并进行积极引导，即优势视角。

优势视角能够指导人们朝着更积极、更符合自身天赋潜能的方向前进。在发展优势的过程中，我们也更容易获得喜悦感和满足感。

**一个人最大的成长空间来自他最强的优势领域。**

 **致胜时刻 TIPS**

### 1. 机会成本

我们做出一个选择，就意味着要放弃其他可能，这就反映出选择的机会成本。选择做自己擅长的事情意味着我们的机会成本最小，获得的利益最大。

比尔·盖茨 18 岁考入哈佛大学，但是他没有完成大学学业，而是选择中途辍学，与朋友一起创办了微软公司，后来成为世界首富，并且连续 13 年在福布斯全球富豪榜排名第一。

如果比尔·盖茨坚持完成大学学业，那么微软公司也许就会错过最好的发展机会，甚至根本不会问世。

### 2. 效率原则

把精力放在自己擅长的事情上，避开短板，或者将自己不擅长的工作交给擅长的人去做，这将有利于提高效率，让我们都能把时间和精力用在刀刃上。

假如你擅长英语，不擅长数学，那么当你从事与英语相关的工作时，效率会明显高于从事与数学相关的工作。

因此，如果你并不擅长做某项工作，那不如让一个擅长的人来做，这样便能实现省时且高效地工作。这也是管理短板的一种方法，我会在第三章中对此进行详细介绍。

# 优势冰山模型：梳理个人优势

在工作中，我们看似拥有某些经验和能力，但如果我们的内心缺乏热爱，就会陷入勉力支撑、难以有所作为的境地，不知道真正"属于自己"的优势突破口在哪里。因此，找到"属于自己"的优势很重要。

知己知彼，百战不殆。在职场中，如果我们不了解自己的优势和劣势，就很难将精力集中在自己的优势上，扬长避短更无从谈起。

有没有什么方法可以帮助我们快速梳理自己的优势，进而让自身的潜能得以释放呢？

我们可以通过优势冰山模型深入了解优势的构成。优势包括冰山上层和冰山下层。在水面以上的部分叫冰山上层，包括一个人拥有的知识、技能、资源等优势，这部分优势也叫显性优势，比较容易被识别。在水面以下的部分叫冰山下层，是一个人内在的、隐藏的才干、品质优势，这部分优势相对不易被识别。

**优势冰山模型**

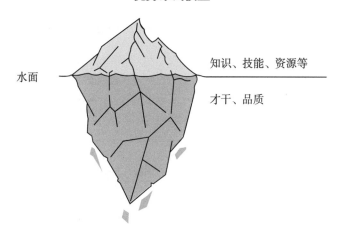

水面　知识、技能、资源等

才干、品质

**冰山上层：知识、技能、资源等**

在过往的学习和工作经历中，你已经掌握了哪些知识和技能、拥有哪些资源？

在职场中，知识和技能是我们在过往经历中已经积累的专业能力。例如，在求职网站上浏览招聘信息时，我们会看到岗位说明书，其中往往包括"具备 ×× 能力"的要求。这些能力就是一个人已经掌握的知识和技能。

知识是一个人知道什么，技能是一个人会做什么，技能通

25

常是知识的一种外在行为展现。

在参加求职面试时，面试官会重点了解你是否具备应聘岗位所要求的专业能力（也就是你已经拥有的知识、技能和工作经验），同时会考虑你在该岗位是否具有发展潜质。

 **常见知识、技能和对应的天赋潜质**

| 常见知识、技能 | | 对应的天赋潜质（优势才干） |
|---|---|---|
| • PPT 设计、办公技能 | >> | • 创意能力、逻辑思维能力 |
| • 演讲技能 | | • 沟通能力、表达能力 |
| • 写作技能 | | • 逻辑思维能力、文字表达能力 |
| • 项目管理 | | • 组织协调能力、沟通协作能力 |
| • 产品运营 | | • 策划能力、设计能力、沟通协作能力 |
| • 销售、营销 | | • 说服力、战略思考、策划设计 |
| • 团队管理 | | • 管理团队、助人成长、执行力 |

你可以通过后天的学习和实践不断地丰富自己的知识，提高自己的技能。

如果你正在考虑换工作或换职业，那么可以先看看自己在知识和技能（专业能力）层面是否满足应聘岗位的要求。如果有差距，那么你可以先缩小差距，再投递简历，这样，求职成功的概率会更高。

资源优势是一个人在人际关系、环境、平台等方面拥有的外在优势。

例如，小 A 认识很多做人力资源和猎头的朋友，当他想要换工作或换职业时，这些朋友就能给予他支持。

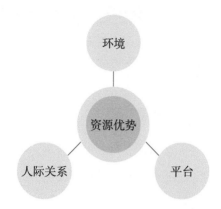

再举一个例子，小 A 在一家公司工作 5 年，遇到了职业发展瓶颈，此时，他应该开辟新的职业方向，还是待在现有行业、换个公司继续深耕？如果他想继续深耕，未来的发展前景似乎一眼就能看到尽头且令人担忧，此时他该做出怎样的选择？

如果小 A 梳理了自己的优势，那么如何选择便不言自明了。因此，我们可以通过了解自己的优势，找到适合自己的工作方向，突破职业瓶颈。

当然，小 A 也可以借助外力，让专业的优势教练或咨询师帮助自己答疑解惑。我经常会收到一对一咨询的需求，这些人请我帮助他们深入挖掘自己的优势，开展职业发展辅导。这些外力和平台都是我们可以运用的资源优势。

**利用资源优势，学会借力，会让你事半功倍。**

此外，冰山上层的优势还包括一个人的身高、声音等相对外显的优势。对于一些体育竞技项目，一个人的身高很重要。声音也是如此，如果一个人天生有副好嗓音，那么做歌手和播音员就具有先天优势。

**冰山下层：才干、品质**

才干（又叫才能、天赋）指一个人潜意识的、可以被高效运用的思维模式、感受或行为，是他在某些方面或某些领域本能地体现出来的特长。

一个人为什么会做出某种选择、喜欢某些特定的事物、对某些事情更加擅长？万事皆有因，此处的"因"便是他的才干。

在工作中，领导交给你一项任务，你的第一反应是什么？立刻去做、想一想再做、先查找资料再做，还是先和同事沟通、交流后再做？

显然，每个人思考问题和做事的方式都不尽相同。这些不同正是由每个人的才干模式决定的。

有些人执行力很强，精力总是很充沛，仿佛浑身有使不完的劲。当与他们一起工作时，你会不自觉地被吸引和感染，自己的执行力也得以增强。有些人则安静内敛，很有定力，仿佛周围的人和事很难影响自己。当与他们一起工作时，你也会逐渐沉静下来，定心凝神，专注做事。

这些都与一个人的才干模式有关。一个人的才干不容易被很快识别出来，除非你系统地学习了优势教练课程，对这些才干非常熟悉。这些不容易被识别出来的才干决定了人们的做事方式、思维模式及感受模式。

你可以通过前文的天赋优势小测试找到自己的突出才干。此外，我会在第二章中介绍发现优势的方法。

如果我们清楚了自己的天赋优势，并且后天能投入精力进行刻意练习，就能让才干成为我们独特的优势，从而释放自身的潜能，创造巨大的价值。

品质（又叫品格）指一个人在思想品德方面的优势，如诚实、善良、勇敢等。

刚结识一个人时，我们往往很难立刻了解他的品质或品行。这也是为什么品质优势在冰山下层，因为它相对不容易被识别出来。冰山下层的内容会影响一个人的价值观。如果你想深入了解自己在品质方面的优势，可以阅读附录 2 的 VIA 品格优势测评。

 **找到优势 TIPS**

1. 通过天赋优势小测试找到自己的突出才干（也可以使用附录 1 中介绍的盖洛普优势测评）。

2. 梳理自己的知识、技能、资源优势。

3. 阅读第二章，继续发掘和定位自己的优势。

# "了解优势让我财富倍增"

 **案例：了解优势让业绩增长10倍**

黛西曾经在 IT 行业工作 10 年，后经职业转型进入金融行业，成为财富管理方面的保险经纪人。

2021 年 5 月，失恋后的她产生了很多自我否定情绪，觉得自己什么都做不好，干什么事情都提不起劲头。一天，她无意间看到我的优势教练课的招生信息，立刻眼前一亮，心想"我要找到自己的优势"，于是报名参加了优势教练课。

在学习优势教练课的过程中，她像剥洋葱一样，一点点地发现自己、认识自己。她说学习优势教练课后的最大感受是她可以按自己的节奏做自己。

一旦我们知道哪些事情自己能够做得又好又快，就会变得更自信；而知道自己不擅长做哪些事情，我们可以不强求自己，进而接纳真实的自己。

我们只有调整好自己的状态，才能更好地处理自己和外界的关系，将工作做得更好，从而让我们的内在和外在都变得更加富足。

黛西回顾这一年的学习经历，分享了自己的 4 点转变和突破。

1. 从原来患得患失的"神经病"变成了"定海神针"，从消极对待转向积极应对。

2. 从自我怀疑和自我否定到自信、坚定和坚韧。

3. 在不断学习和打磨自己的优势后，把优势运用到自己的工作中，实现了更多突破。

4. 在财富层面，对于管理财富的量级从原来的几十万元提升到了几百万元，自己的收入也实现了 10 倍的增长。

● ● ● ● ●

从经历失恋的痛苦、自我怀疑和否定，到积极应对、自信坚定，管理的财富量级从几十万元到几百万元，让业绩实现 10

倍的增长，黛西是怎么做到的？

她分享了以下 3 个关键点。

第一，通过优势教练课的学习，找到自身优势，建立自信。

运用在课程中学到的方法时，她回想了过往的经历，"看到了自己所拥有的东西，于是慢慢变得更有信心"。

例如，她曾经在 IT 行业工作，在她负责和参与的项目中，她总是能够帮助大家齐心协力地完成项目，并且很少与他人发生冲突。她学习能力强，善于总结和复盘，所以帮公司规避了很多风险，自己也少走了很多弯路。

她后来感叹道："我们不可能什么都有，也不会什么都没有。如果你忘记了自己是谁，那就想想曾经闪光的自己，或者找一位优势教练，获得专业的指导。"

**我们不可能什么都有，也不会什么都没有。如果你忘记了自己是谁，那就想想曾经闪光的自己。**

第二，对自己的突出才干进行实践和运用，在工作中合理发挥优势。

在盖洛普优势测评中，黛西的突出才干有和谐、学习、思维和搜集，之后，她在工作中发挥了自身优势。

**黛西在工作中是如何发挥优势的**

| 优势才干 | 如何帮助我实现目标 |
|---|---|
| 和谐 | 我会根据客户的需求定制方案，让客户知道，我和他的目标是一致的。当客户有反对意见时，我会换位思考，基于共同目标与客户达成一致意见。对自己所从事的领域要有坚定的立场，给客户提供建设性的意见，发挥专业人士的作用。当然，我也要温柔而坚定，尊重客户的选择。 |
| 学习 | 我从原来的 IT 行业转型到金融行业，积极发挥学习优势，快速掌握工作中需要的知识，让自己变得专业，从而能更好地为客户服务，我不再像以前那样学习各种课程了，而是让自己更加集中精力。 |
| 思维、搜集 | "思维" + "搜集" 才干的组合，让我能够为客户提供周全、严选的方案。主动发挥这两项才干后，我们给出的方案获得了很多客户的积极反馈。例如，"我担忧的问题你都提前制定了备选方案，这让我很惊喜。""你想得很周全，很多是我自己都没有想到的。" |

才干是我们内在具有的能力，如果我们在自己的才干方面投入一定的精力，它就会变成我们的优势。同时，才干是我们下意识的做事方式和思维方式，很多时候，我们会不自觉地"过度使用"它。而才干被过度使用就会变为劣势，给我们带来负面影响。例如，黛西具有维护人际关系和谐的才干，但过度使用这项才干可能会让她在做事的过程中难以做到立场坚定；过度使用学习才干会让她把很多精力花在学习各种课程上，而

忽略输出和转化，甚至购买很多课程却来不及学习。

深入学习优势教练课后，她就能合理地管理和发挥自己的优势了。

第三，发挥团队优势，实现优势互补。

在团队中，我们需要了解团队成员的优势，大家优势互补才能更大地发挥团队的力量。

黛西在影响力和关系建立方面的得分排名相对靠后（盖洛普优势四大领域是执行力、影响力、关系建立和战略思维，详见附录1），但这两个方面对她推动工作十分必要。

刚开始时，做这两方面的事情让她觉得很痛苦。她的合伙人对她说："你看×××做得多好，你可以多学习一下。"

"别人家的孩子"一度困扰着她。幸运的是，她参加了优势教练课，并且把这门课分享给团队的伙伴。她说："我知道大家都有各自的优势，都会形成自己的工作风格。"团队的其他人后续也都做了优势测评。大家互相探讨如何合作才能取长补短，互相激励，互相学习。例如，黛西在影响力方面不擅长，而团队中刚好有人在这方面具有优势，于是黛西与他配合，形成优势互补。

她说："我的合伙人再也没有跟我说过'别人家的孩子'了，我们的团队在第二季度还取得了人均排名第一的成绩。"

**实现财富倍增的 TIPS**

1. 找到自己的优势，建立自信。

2. 在工作中合理投入才干，避免过度使用优势。

3. 建立优势互补，发挥团队的力量。

# 一张清单写出你的优势

个人成长和职业发展的关键，不是我们想办法把自己不胜任的事情做好，而是理清自己擅长做的事情，也就是找到自己的优势所在。结合本章的内容，我们可以用一张表梳理自己的优势。以下两个案例展示了如何运用优势梳理清单发现自己的优势。

 **案例 1：发现优势，突破职业瓶颈**

小雪在国企做项目管理工作，在 30 多岁时遇到职业瓶颈，因工作成果得不到领导的肯定和欣赏感到很失落。她以为是自己不够努力。

为了摆脱这种糟糕的状况，她开始不停地学习，希望弥补自己的短板，可是一段时间过去了，糟糕的状况并没有发生实质性的改变。她感到很迷茫，不知道自己能做什么、想做什么，甚至连自己内心真正的期待都开始变得模糊了。

和小雪沟通后，我发现她其实只是不知道如何梳理自己的优势，我们用优势梳理清单列出她的各项优势，她立刻就看到了不一样的自己。

## 小雪的优势梳理清单

**知识**：食品工程、个人品牌、育儿、财务报表

**技能**：项目管理、时间管理、批判性思维、结构化思维、人际沟通、理财

**资源**：学习圈等、人际关系、资源

**才干**：和谐、学习、思维、公平、专注

**品质**：善良、诚实、乐观

**其他优势**：暂无

小雪拥有丰富的知识和技能，涉猎的领域有食品工程、育儿、项目管理、理财等。从才干和品质等优势中，我们可以看到她在学习、专注方面的优势。在工作方面，她可以聚焦一个发展方向，在一个领域持续深耕，打造自己的核心竞争力。

现在，小雪会通过优势视角看待家人、朋友和同事，

人际关系在不知不觉中得到了改善，工作效率也不断提升。更重要的是，她运用在优势教练课上学到的方法，找到了自己的工作甜蜜点（我将在第四章中介绍如何寻找工作甜蜜点）。

她会有意识地做更能激发自己的热情、能在各方面提升自己的工作，并且有意识地建立自己的优势团队。

● ● ● ● ● ●

 ## 案例 2：找到职业目标

小徐在一家 500 强外企担任经理，负责大客户运营。她已经参加工作 17 年了，正考虑职业转型。但在重新做职业规划时，她一直很迷茫。在学习优势教练课后，她逐渐找到了方向，并结合自己的优势找到了属于自己的核心竞争力，最终围绕该核心竞争力形成了职业目标。

在迷茫时，她购买了很多课程，虽然学到了很多知识，但对她重新规划职业目标没有太大帮助，还浪费了很多精力。在了解了自己的优势后，她明确了自己的职业方向和目标，她还说"所有不以目标为出发点的学习都是南辕北辙"。下面是她在了解自己优势的过程中做的优势梳理清单。

## 小徐的优势梳理清单

**知识：** 管理心理学、优势教练、科学瘦身、营养师

**技能：** 英语、法语、时间管理、项目管理

**资源：** 培训平台、管理学、心理学

**才干：** 理念、个别、交往、审慎、排难

**品质：** 善良、责任、爱心、热心、同理心

**其他优势：** 有创意

小徐在管理学方面拥有丰富的知识，学习优势教练课后，她明确了发展目标。她还把管理学与优势教练技术相结合，将优势辅导用在团队管理上，充分发挥专业优势。从才干和品质优势中，我们可以看到她喜欢与人交往，善良且富有爱心。而且，她还是一个有想法、有创意的人。

● ● ● ● ●

优势梳理清单能帮助我们梳理自己的优势。现在，你可以根据优势冰山模型的内容完成下面的小练习。如果你对自己的才干不是很确定，可以在阅读第二章的内容后再填写这个清单。

相信在梳理自己的优势后，你会对自己有更深入的了解，也许还会有新的发现。

# 小练习

## 我的优势梳理清单

知识：_____

技能：_____

资源：_____

才干：_____

品质：_____

其他优势：_____

# 发现优势：

## 找到核心竞争力

●●●●

如果我们都做了自己最擅长的事，会对自己大吃一惊。

——托马斯·阿尔瓦·爱迪生，发明家

# 做自己喜欢的事还是做自己擅长的事

 **案例：卖奶酪的老爷爷**

有一次，星巴克公司创始人霍华德·舒尔茨在伦敦一条非常繁华的街道上发现了一家很小的奶酪店。舒尔茨十分好奇，在房租如此昂贵的地段销售奶酪这样的日常食品，获得的利润能够负担昂贵的房租吗？于是，他走进店内，希望一探究竟。

进门后，他看到一位留着胡子的老爷爷一边唱着歌，一边切着奶酪，一副开心、满足的样子。

舒尔茨不禁单刀直入地问道："您在这里开这家店，挣的钱交得起房租吗？"

"你先买20元的奶酪，我再告诉你。"老爷爷这样回答。

舒尔茨买完奶酪后，老爷爷说："年轻人，你出来我和你聊聊。"

他指着外面的门店说："你看，从这头到那头，再到那头，都是我们家的，我们家几代人一直在这里卖奶酪。除了卖奶酪，我对其他生意不感兴趣，也不会做，我们买了很多门面，然后租给他人经营。我依旧卖我的奶酪，我觉得特别快乐。我儿子现在还在离这儿半小时路程的农庄做奶酪呢。"

● ● ● ● ●

这位老爷爷是幸运的，很早就找到了自己喜欢做的事情，而且通过购买门面并出租的方式，为自己持续做喜欢的事情创造条件。他始终在做自己感兴趣的事情，所以他感到快乐和满足。

有些人很早就知道自己喜欢什么和不喜欢什么，然后专注地做自己喜欢的事情。这类人会收获幸福、快乐，如案例中的老爷爷，或者收获事业上的成果，如袁隆平。

"共和国勋章"获得者袁隆平从1956年开始带着学生开展农学实验，直到耄耋之年依然保持着每天进农田的习惯。袁老说自己有两个梦想：一个是"禾下乘凉"，另一个是"杂交水稻覆盖全球"。袁老研究杂交水稻的过程经历了许多曲折和坎坷，但是他从未想过放弃，始终坚守心中的两个梦想，直到生命的最后一刻。

有些人可能晚一些才找到自己喜欢的事业，王德顺便是其中之一。王德顺被誉为"最帅大爷"，因为他以近 80 岁的高龄出现在中国国际时装周的 T 台上，并以杰出的表现震撼了全场观众。80 岁高龄的他过得比 20 岁时自信，比 30 岁时自在，比 40 岁时有活力。

**当你说一切太晚时，它可能是你退却的借口。没有人可以阻止你成功，除了你自己。**

——王德顺

有些人认为自己找到了喜欢做的事情，便创造机会、投入时间和精力从事相关的工作。一段时间后，他们发现这些工作和自己最初的设想有差距。这种现象很常见。例如，小 A 觉得自己喜欢写作，就潜心研究各种写作方法；一年后，他发现自己对写作已经失去热情，又喜欢上了摄影。这表明写作并非小 A 真正喜欢做的事情。

如何找到自己内心真正喜欢做的事情？如何判断某项工作是不是自己热爱终身的事业？我在本书第四章中介绍了相关方法。

有些人知道自己喜欢做什么，但无法放弃目前的工作而投入自己喜欢做的事情，因为做自己喜欢的事情可能使收入暂时下降，甚至难以维持生计，所以为此颇感苦恼。此时，建议大家可以利用业余时间尝试。

例如，小A发现自己很喜欢画画，每天都会主动画一幅画，每次画画后都觉得特别开心。但是"画画"在短期内并不能给他带来收益。此时，他就可以系统地梳理自身的优势，在自己的优势和才干中找到与"画画"关联度比较高的职业发展方向。

假如小A的才干包括创造能力，那他可以在业余时间做插画师等与"画画"关联度比较高的工作，边做边精进自己的绘画技能。也许不久之后，他就能成为专业的插画师，在获得收入的同时，还能促进自己的绘画创作，让更多人看到自己在这方面的优势，进而赢得更多机会和可能性。

当副业创收达到自己期待的水平，或者与主业创收差距不大时，小A就可以考虑全职从事副业，将副业变成自己的主业。此时，从事自己热爱且优势所在的工作，小A干劲十足，每天都感到充实而快乐，也会获得更高的成就。

还有些人不知道自己真正喜欢什么，他们觉得这个好，就去试试；觉得那个也不错，并且看到身边有朋友做得好，自己也想追随。这恐怕是许多人都有的心理活动。

下面这些话是我们经常会听到的。

"我很努力，花钱学了很多课，但是不知道为什么还是没有什么成果。"

"现在工作、家庭已经够我忙的了，等我退休后有时间了就去做自己喜欢的事。"

"我觉得做好当下的事更重要，虽然我不喜欢，有时还感觉很痛苦，但是没办法呀！"

……

在没有找到自己真正喜欢做的事情之前，我们不妨多做一些自己擅长的事情。因为与寻找自己真正喜欢做什么相比，人们更容易找到自己擅长什么，即优势所在。

也有些人从来没有想过可以做自己喜欢的事，所以并未尝试发掘自己的优势。

此时，如果你想要有所转变，想要在工作上收获更多喜悦和成就，就可以主动去寻找自己真正喜欢做的事情。

请回答下面的问题。

● 你喜欢音乐还是画画？

● 你喜欢写作还是公开演讲？

是不是觉得难以做出选择？特别是当这件事你都没有真正尝试过时，不知道自己是不是真的喜欢也就很自然了。

但是，如果将上面两个问题稍微变一下，回答起来就会更容易。

- ● 你更擅长音乐还是画画？
- ● 你更擅长写作还是公开演讲？

如何找到自己擅长做的事情呢？

在理想情况下，我们真正喜欢做的事情就是自己擅长做的事情。在这种情况下，我们的幸福感就会提升，并且我们会拥有较高的工作甜蜜点（见第四章）。

另外，我们还需要基于自己的优势，主动创造机会做自己喜欢的事情。这种机会分两种：一种是为自己喜欢的事情"造血"，就像卖奶酪的老爷爷，家里几代人一直卖奶酪，并且在做这件事时觉得特别快乐，为了支持自己热爱的事业，他们购买了很多店面，用于赚取租金；另一种是抓住各种机会，尝试做自己喜欢的事情，以我为例，我曾尝试过组织、宣传、演讲，最终找到自己热爱的事业。一旦你找到自己真正喜欢做的事情，就会发现自己做得越来越得心应手，也会越来越快乐，甚至越来越有成就感。

**找到自己擅长做的事情，如果恰好这也是你真正热爱的事情，就可以持续投入，长期深耕。**

如果你擅长画画，也非常喜欢画画，就可以不断精进自己的绘画技能，持续创作，也许几年后你会成为小有成就的画家。如果你擅长写作，也十分喜欢写作，就可以持续提升自己的写作技能，也许几年后你就能以写作为自己的职业。

多做自己优势支持的事情，特别是天赋优势支持的事情，你会更容易获得成就。对数字不敏感，却想成为理财师；没有一副好嗓音，但坚持想成为歌手，这可能会让实现梦想的道路变得异常艰难。

每个人都拥有巨大的潜能。我们永远不知道还可以从自己身上挖掘出哪些潜能，直到它们变成自己的优势，为自己带来积极的成果。所以，不要轻易给自己的人生设限，你喜欢什么、热爱什么，就要勇敢地尝试。

### 思考清单

☐ 我现在从事的工作是自己真正喜欢做的事情。

☐ 我现在从事的工作是自己擅长做的事情。

☐ 我现在从事的工作是自己既喜欢又擅长做的事情。

# 发掘优势：4 条线索找到你的天赋潜能

很多人对自己的优势了解不够全面，误以为自己"没有一技之长"或"没什么优势"，有人甚至因此产生了自卑心理。

在过往的咨询案例中，我经常会收到类似下面的留言。

"老师，如果我发现自己没有任何天赋，是不是就是我没有优势？"

"我觉得自己没什么优势，很苦恼，不知道自己可以做什么样的工作。"

"虽然我在现在的单位小有成就，但总认为自己不喜欢这份工作，每天还很累，好像陷入了一个死局，无法突破。我想做技术管理，但既没有优势获得相应的职位，又害怕丢失技术，因为自己的技术本身又不过硬，想学又找不到突破口。于是，我开始怀疑自己是否适合做技术……"

有时候，我们会很迷茫，找不到方向，甚至怀疑自己。但每个人都有自己的潜能，只是这些潜能很容易被习惯掩盖、被惰性消磨。更重要的是，有些人还没有意识到优势的重要性，更别提掌握发挥优势的方法了。

在第一章中，我介绍了优势冰山模型，包括冰山上层的知识、技能、资源及冰山下层的才干、品质。每个人都拥有属于自己的优势，只是处于冰山上层的易于显现，处于冰山下层的可能需要我们着力寻找。

对于那些不易被发现的才干和品质优势，我们可以借助测评工具来发掘。

盖洛普优势测评便是其中一种工具，它包含 34 项才干。第一章中黛西的案例就是个体通过盖洛普优势测评发掘和运用自己才干的典范。

就像每个人的指纹独一无二一样，每个人的才干排序也是独特的。根据盖洛普研究统计，任意两个人的前五项才干相同且排序也相同的概率是 3300 万分之一。

**每个人都有独一无二的天赋才干，每个人都拥有与众不同的优势。**

我总结了 4 条线索，帮助你发掘自己的优势。

第一条线索：无限向往

你会被什么事情自然而然地吸引？你的内心对什么样的活动充满渴望？你在做完什么样的事情之后会忍不住说"什么时候可以再来一次"？

即使是看电视剧、打球、玩游戏，也可以。重要的是要找到背后是什么因素在驱动着你。下面的"无限向往"事件示例来自玉见优势训练营学员的分享。

 **"无限向往"事件示例**

| "无限向往"的事情 | 对应的天赋潜能 |
| --- | --- |
| 我特别喜欢与人聊天，从小就喜欢，甚至能和朋友聊一宿。 | 表达能力，交际能力 |
| 对美好的事物无限向往，总觉得做任何事情没有最好，只有更好。 | 追求卓越 |
| 按照流程和制度做事，心中觉得有章可循，做起来劲头十足，所以即使新流程和制度在推行过程中遇到阻力，我也能想办法化解。 | 执行力 |
| 我喜欢旅游，感受不同地方的风土人情并欣赏大自然的美景，这会让我觉得生活很美妙。 | 好奇心，探索能力 |
| 通过自己的知识和技能，能够给予他人帮助和激励，自己也感到被赋能，很喜欢这样的感觉。 | 伯乐才干，助人成长 |

注意，这里的"无限向往"是指你曾经做过的、让你充满热情、渴望再次尝试的事情或类似的事情。

以我的朋友无戒老师为例，她是一名作家，在读高中时写了第一部小说。毕业后她从事过其他工作，创业四次都以失败告终，后来又开始写小说，并出版了多部小说，还教他人如何写作，实现了自己的写作梦想。因此，写作就是她"无限向往"的事情。

让你无限向往的事情有哪些？你可以在本章最后一节的练习中写下来。

### 第二条线索：一学就会

什么样的事情是你一学就会或很快就能掌握的？那些你很快就能学会的事情，也许就是你的某些才干在发挥作用。下面的"一学就会"事件示例来自玉见优势训练营学员的分享。

在这些示例中，有你一学就会的事情吗？你可能选择了其中几个，也可能一个都没有选。这意味着，每个人一学就会的事情是不一样的。你可以在本章最后一节的小练习里，把自己一学就会的事情写下来。

**"一学就会"事件示例**

| "一学就会"的事情 | 对应的天赋潜能 |
| --- | --- |
| 整理和收纳是我一学就会的事情，家里的东西和计算机里的文件，我都有自己的一套整理系统。 | 归纳整理能力 |
| 操作类的事情我一学就会。当年我考驾照的时候，没练几次车，考试的时候教练都替我担心，但我一次就通过了。 | 动手能力 |
| 当我开始学习某项技能时，很容易一学就会，如跟着视频学做饭，我平时不做饭，但是看几遍视频后，我做出来的饭吃起来味道很不错。 | 学习能力，模仿能力 |
| 对文字类的事情我一学就会，不管是什么类型的文章，擅长用文字表达，用文字影响他人。 | 文字表达能力 |
| 与人相处，我可以很容易地获得他人的信任，即使我爱人的家人都相信我甚于我爱人。 | 建立关系的能力 |

**第三条线索：如鱼得水**

有哪些事情你似乎本能地知道该怎么做？如果我们在做某件事时全身心地投入，产生心流体验，甚至废寝忘食，那这就是我们做起来如鱼得水的事情。下面的"如鱼得水"事件示例来自玉见优势训练营学员的分享。

**"如鱼得水"事件示例**

| "如鱼得水"的事情 | 对应的天赋潜能 |
| --- | --- |
| 写报告时，我常常越写越投入。刚开始写的时候没有思路，但越写思路越清晰、想法越多。写到最后，常有一种头脑清明的感觉。 | 思维能力 |
| 在主持会议和参与讨论时，我很容易就能说出一些观点，没有其他人那么紧张，从来没想过被问到时会没话说。 | 表达能力 |
| 在 IT 运营维护方面，我有种如鱼得水的感觉，这项工作需要严格遵循一套标准，我喜欢这样的工作，只要按照既定计划和流程执行，就一定会完美地完成任务。 | 执行力 |
| 我可以坐在那儿三四个小时思考 PPT 的逻辑、搜索案例、素材来使内容更丰富。 | 搜集能力 |
| 我在处理顾客投诉、洞察员工情绪方面如鱼得水，在顾客提要求前，就知道他们想要什么。 | 共情能力 |

回顾过往的工作经历，哪一类任务或事情别人做起来很费力，而你做起来轻而易举？这样的事情就是你做起来如鱼得水的事情，你可以把它们写在本章最后一节的小练习里。

**第四条线索：胜人一筹**

在做什么事情时，你觉得自己做得很棒、胜人一筹？你甚至会忍不住回想：我刚才是怎么做到的？

这些事情可以是你用很短的时间阅读了一本书，或者通过系统思考想明白了一件事、找到了解决问题的最佳方法等。

　　我有一位学员，她在学习语言方面很有天赋，经常被夸英语口语发音纯正、标准。她发现自己的记忆力很好，语感很强，从来没有苦背单词的经历，经常是一边愉快地看着美剧，一边就不经意间记住了剧中的英语表达。显然她在学习语言方面胜人一筹。

　　从下面的"胜人一筹"事件示例中，你能看到更多做起来"胜人一筹"的事情和对应的天赋潜能。

 **"胜人一筹"事件示例**

| "胜人一筹"的事情 | 对应的天赋潜能 |
| --- | --- |
| 曾经有一段时间，我一个人照顾4岁的大宝和8个月大的二宝，每天还抽出时间学习，还能通过游戏激发大宝帮我收拾房间，保持房间整洁。 | 统筹能力 |
| 我在遇到挫折的时候，能很快从挫折中走出来，内心充满力量，继续向前，有着乐观的人生态度。 | 抗挫折能力 |
| 在情绪管理方面，我一直做得比较好。例如，在工作中遇到沟通不畅时，我会提醒自己，因为经历不同、岗位不同，大家会有认知方面的差异。 | 共情能力 |
| 在学习方面，我一直都有胜人一筹的感觉，从小到大都是"学霸"，学习对我来说是一件毫不费力的事，我能够很快领悟书中的知识，然后分享给他人。 | 学习能力 |
| 当我在做创意方案、制定方向时，可以很容易找到自己想要的感觉。 | 创新能力 |

你"胜人一筹"的事情有哪些？你可以把它们写在本章最后一节的小练习里。

在整理这 4 条线索时，如果你发现自己在同一件事上同时满足其中几条线索，那就表明你在这方面的优势特别突出，而且无意中一直在使用。

我有一位学员叫小熙，她曾在我留的作业里这样写道：

> 我非常擅长做旅行规划、优化流程，喜欢理顺流程，找出需要改进的地方，注重效率，致力于将规划做到效率最高、体验最好，让大家按照做好的行程或流程执行。在做这件事的时候，我感觉如鱼得水，并且觉得胜人一筹。

要想改变现状，先改变自己；要想让事情变得更好，先让自己变得更好。你可以从这 4 条线索出发，发掘自己的潜能，发现自己的优势，让自己变得更好。

# 觉察优势：写好优势日记，持续发掘优势

回想刚过去的一天，哪些事情让你觉得很开心或很有成就感？你做了什么？为什么会有这样的感受？记录下来，这就是你的优势觉察日记，也是你的"优势事件"。

你可以在优势事件的后面写上做这件事时自己发挥了什么优势和才干。

这里的优势事件并不是指那种惊天动地的大事，而是让你觉得开心或有成就感的任何事，哪怕很小的事也可以。

我们不可能每天都经历人生巅峰，所以不要因为没有所谓的"巅峰时刻"，就踟蹰不前。我们可以从工作和生活中的小事记起。记录每天的优势事件，日积月累，它们就会成就你的"巅峰时刻"。

## 案例 1："我发现了同事们最鲜明的优势才干"

小君是公司人力资源部的负责人，她希望能深入发掘自己的优势，并在工作中更好地发挥这些优势。在学习优势教练课后，她坚持记录优势觉察日记，下面是她的优势觉察日记的部分内容。

### 小君的优势觉察日记

日期　**12月10日**

| 优势事件 | 今天中午我和几个同事一起吃饭，在吃饭的过程中，我认真倾听每个人对工作的看法。我发现同事们看问题的角度都不一样，各有特色和优势。最后，我进行了总结和归纳，同事们都觉得自己的意见得到了重视。 |
|---|---|
| 优势 | 倾听能力 |

日期　**12月11日**

| 优势事件 | 今天领导布置的任务要求中午前完成。到年底了，各种工作纷至沓来。我抓紧时间，在中午前完成了这些任务，我觉得很有成就感。 |
|---|---|
| 优势 | 执行力 |

日期　**12月12日**

| 优势事件 | 今天下午，我们支援某职能部门做圣诞节活动的礼品准备工作。我们做了一个流水线作业流程。每人分别在流水线的点位工作一段时间，再轮岗。大家都找到了适合自己的流水线岗位，最后高效完成工作。通过这次活动，我发现了同事们最鲜明的优势才干。 |
|---|---|
| 优势 | 组织能力 |

通过持续的记录和觉察，她不仅对自己的优势理解得更透彻，还发现了同事们的优势才干。这对她做人力资源工作很有帮助。

 **案例 2："原来是我的优势在帮助自己"**

小林是一名医疗行业的研发工程师，也是两个孩子的妈妈。她一直觉得自己平平无奇。

因为对自己的优势不了解，所以即使她已经取得了一定的成绩，也认为自己不过是凭着一股蛮劲儿做到的而已。例如，高中时，从成绩中等到考上一所"985"大学，还有后来从空调、汽车行业转到现在的医疗行业，等等。

直到她接触到优势理念才发现，原来每个人都有自己的优势才干。系统学习优势教练课后，她说自己的一个明显变化就是，通过记录优势觉察日记发现了自己的优势所在，发现自己取得的每一项成绩其实都是自己的优势在发挥作用。下面是她的优势觉察日记的部分内容。

## 小林的优势觉察日记

日期 7月6日

**优势事件** 今天，我回顾为什么自己能跨行找到比之前更好的工作。我无法接受自己除了工作就是做饭、打扫卫生，这些既不是我擅长的，也不是我热爱的。于是在带娃的同时，我一直坚持通过学习来提升自己，所以当机会来临时，我一下就抓住了。

**优势** 学习能力，行动力

日期 7月8日

**优势事件** 以前我很不喜欢做工作总结，虽然自己做了不少事情，但就不知道该怎么写。现在又要做年中工作总结了，我主动发挥学习和搜集优势，搜索写总结的方法，学习相关技巧。我发现工作总结其实没那么难写，并且我找到了和领导沟通的方法，也更自信了。

**优势** 学习能力，搜集能力

深入了解自己的优势后，小林知道了运用自己优势的技巧，因此变得更自信，遇到问题时也知道该如何应对。

她说："有了这份自信，就能更好地探索这个世界，活得自洽而圆满了。"

通过学习和练习，我们可以不断发现自己的优势，甚至识别身边人的优势，做到知己识人。上述案例中的小君和小林都做到了这一点。

优势理念源自积极心理学，优势思维和优势视角的建立不是一蹴而就的。而优势觉察日记是一个能帮助我们持续发掘自己优势的有效工具。

当一个人在工作中刻意投入自身才干时，这些才干就会转变成他独特的优势。

**才干 × 投入 = 优势**

你今天有哪些优势觉察？如果今天是你开启优势发掘之旅的第一天，你打算记录些什么？请写下你的优势觉察日记。

---

### 我的优势觉察日记

日期 ＿＿＿＿＿＿

优势事件 ＿＿＿＿＿＿＿＿＿＿＿＿＿＿＿＿＿＿＿＿＿＿＿＿＿

＿＿＿＿＿＿＿＿＿＿＿＿＿＿＿＿＿＿＿＿＿＿＿＿＿＿＿＿＿＿

优势 ＿＿＿＿＿＿＿＿＿＿＿＿＿＿＿＿＿＿＿＿＿＿＿＿＿＿＿＿

日期 ＿＿＿＿＿＿

优势事件 ＿＿＿＿＿＿＿＿＿＿＿＿＿＿＿＿＿＿＿＿＿＿＿＿＿

＿＿＿＿＿＿＿＿＿＿＿＿＿＿＿＿＿＿＿＿＿＿＿＿＿＿＿＿＿＿

优势 ＿＿＿＿＿＿＿＿＿＿＿＿＿＿＿＿＿＿＿＿＿＿＿＿＿＿＿＿

---

你可以准备一个日记本，专门用于写优势觉察日记，也可以在手机或计算机的记事本上记录。

# 定位优势：用VRIN模型识别核心竞争力

一个人在职业生涯中所具有的独特的、有竞争力的技能、态度、知识等各个方面的总和，就是其职业竞争力（来自MBA智库百科）。

这和我在前文中介绍的优势冰山模型是一致的。一个人所拥有的知识、技能、才干等都是他的优势。我们要想知道自己的核心竞争力是什么，就应该先找到自己最突出的职业优势。

很多人博学多才，拥有多项专业技能，但对未来自己究竟要深耕哪个方向并不清楚。当目标不确定时，我们就容易陷入迷茫。

VRIN模型可以帮助我们快速筛选自己的优势，精准定位优势。VRIN 是四个英文单词或短语的首字母缩写。

### 1. V = Valuable 有价值的

盘点自己的优势，包括已经掌握的知识、技能、资源及具备的才干和品质等，哪些是对你的工作和团队，甚至你的公司最有价值的？

我们找到的这些优势便是使我们更有价值的核心竞争力。下面是常见的 5 种职业与对应的个人"有价值的"核心竞争力。

 **常见 5 种职业和对应的核心竞争力**

| 常见职业 | "有价值的"核心竞争力 |
| --- | --- |
| 客服 | 解决问题的能力、乐于助人的优势 |
| 老师 | 乐于培养他人成长、授课能力 |
| 产品经理 | 创意策划、项目管理和沟通能力 |
| 软件工程师 | 分析研究的能力、编程技能 |
| 销售、市场营销 | 良好的语言表达和宣传推广能力 |

### 2. R = Rare 稀缺的

你的哪些优势在工作中是比较稀缺？哪些优势是你具有而你所在团队中的其他人没有的？

这些在工作中所需要的稀缺优势更有可能成为我们的核心竞争力。

假设小 A 是一名平面设计师。如果他设计海报的水平远高于团队中其他成员的水平，那么他在设计海报方面的能力就是稀缺的。如果小 A 设计海报的水平是团队其他成员也能轻松达到的，那么他在这方面的优势就不是稀缺的。这时，他需要找到自己更稀缺的核心竞争力。

如果一时难以找到，我们该怎么办？我们可以先不断打磨自己当前的核心优势。特别是专业能力，把自己的优势变得越来越突出，使其成为我们更稀缺的核心竞争力。

 ## 案例：我是如何成为项目"主播"的

在转型做培训咨询前，我在一家 500 强外企从事软件研发工作。当时我们做的项目是敏捷开发，每 2~4 周出一个产品样本。每次样本出来后，项目组都需要与国外的同事开项目会议，此时，项目负责人需要用英语进行演示和讲解，有时需要提前将演示过程录制成视频，现场进行播放。

在我加入项目组后，大家发现我擅长英语演讲，于是领导就把这项工作交给了我。同事们说我像主播，真人出镜讲解效果更好。这样做了几期后，我们的样本经常得到领导和国外同事的认可，我也因此被多次表扬。

在项目组里，英语好又擅长演讲和讲解的人不太多，而我在这方面的优势比较突出。即使现在回想起这段经历，我依然能感受到当时的那种开心和成就感。

●　●　●　●　●

**用好你在团队中的"稀缺"优势，你会很快脱颖而出。**

### 3. I = Costly to Imitate 复制成本高的、难以复制的

在工作中，你的哪些优势是不容易被复制的？对其他人而言，若想复制这些优势则需要投入大量的时间和精力，甚至需要通过大量实践才能拥有。如果有，那么这项优势就是你的核心竞争力。相反，若他人很容易就能复制，甚至他人拥有和我们相同的职业优势，那么我们还需要持续打磨这项优势，使其成为自己的核心竞争力。

我有一位朋友叫菲奥娜，她在财务领域已经有 10 多年的工作经验，拥有多项国际财务会计类证书，目前在知名外企担任首席财务官。她在财务领域的优势就不是一般人可以复制的。若他人想复制，则需要投入至少几年的时间、大量的精力和金钱去学习和实践。因此，这项专业优势就是她的核心竞争力。

### 4. N = Non Substitutable 不可替代的

盘点你所拥有的优势，哪些是不容易被他人替代的？找到这些优势，这就是你的核心竞争力。

如果你所做的工作是其他同事能轻松完成的，那么你的工作职位就容易被他人替代。

现在是人工智能时代，很多人工岗位逐渐被机器人替代。无论被身边同事取代，还是被机器人替代，都意味着我们的核心竞争力还需要不断打磨、升级，把自己的优势变得更突出。

 ## 案例："这门课其他人讲不了"

我曾在一家上市集团总部做培训工作，负责讲授其中几门课程。凡公司有这方面的培训需求，无论总部，还是下属公司，我都会应需前往。

有一次，我需要到项目公司做培训。在出差的前一天，领导找到我说："玉婷，咱们兄弟公司（集团旗下的另一家公司）人事部的同事刚打来电话，问你能不能提供支持，去给他们做一场培训。这门课你讲得最好，其他人讲不了……"

和领导商量后，我与这位人事部的同事进行了电话沟通，把这场培训安排在了我出差回来之后。

● ● ● ● ●

如果我们清楚了自己的突出优势在哪里，自己做的哪些工作是不易被他人取代的，那我们就找到了自己的核心竞争力。

**思考清单**

☐ 我的＿＿＿＿＿＿＿＿＿＿＿＿优势对团队更有价值。

☐ 我的＿＿＿＿＿＿＿＿＿＿＿＿优势在团队里更稀缺。

☐ 我的＿＿＿＿＿＿＿＿优势是团队里其他人不易复制的。

☐ 我的＿＿＿＿＿＿＿＿优势在团队里不易被其他人替代。

差异即长处。我们和他人不一样的地方，正是彼此的优势所在。

利用 VRIN 模型定位自己的突出优势，找到自己的核心竞争力。当清楚了自己的优势后，我们还需要充分展示这些优势，否则我们的核心竞争力就不易被看到，价值也就很难得以体现。这是下一章中将要探讨的内容。

# 突破迷茫并获得晋升，她只用了 4 个月

 **案例：从工作迷茫到豁然开朗**

小金在大学毕业后做了 10 年的外贸销售工作，期间销售业绩一直名列前茅。这是一份不错的工作，但不知为什么，她内心总有一种排斥感和不满足感。

她常常纳闷，自己明明各方面都不错，为什么还是有诸多不顺——与同事的矛盾频发、自己越来越焦虑、对工作提不起兴趣等。

她也曾经多次陷入这样的焦虑：这份工作真的是我想做的吗？有没有更适合我的工作？尤其是当面对一些比较

棘手的项目时，这种焦虑、烦躁的情绪史是抑制不住地要爆发。

为了找出问题所在，她不停地参加各种线上、线下培训，甚至还读了 MBA，但依然没有找到明确的方向。

她想要改变，但又不知道自己到底想做什么、适合做什么，所以不敢贸然辞职。她不知道究竟什么样的工作才是自己真正喜欢和擅长的？

在这种"困顿"和"想要突破困顿"的挣扎中，她听了一次我的优势教练课。她说课上的"优势理论"和"优势模型"吸引了她，让她隐约觉得这些可以帮到自己。

抱着"哪怕不能直接助我在职场上成功转型，至少能让我更好地了解自己的优势、给自己提供一些方向和指导"的想法，她先和我预约了一次咨询。

我们沟通后，她说："我真是豁然开朗啊，对自己的优势有了更具体、更直接的了解，也理解了自己的行为模式。"她对自己的优势才干进行了梳理，下面展示的是她的部分才干。

**小金的优势才干梳理（部分）**

| 优势才干 | 如何帮助我实现目标 |
| --- | --- |
| 学习 | 我从小就爱学习，读书和获取知识的过程让我非常开心。这项才干也解释了为什么毕业那么多年我依旧每年都学习很多课程。哪怕感觉有些负担，我还是会不停地参加很多课程——这是因为我的学习才干在发挥作用。 |
| 搜集 | 让我认识到自己为什么每次看到网上的一些资料、信息就忍不住想收藏，我也喜欢囤各种日用品——这是因为我的搜集才干在发挥作用。 |
| 统筹 | 统筹是善于利用资源并找到最佳方案。在咨询后，我刻意在工作中发挥统筹优势，然后惊奇地发现在利用各种资源找到最佳方案这件事上，我确实做得很好。 |

小金觉得了解优势对自己很有帮助，就报名参加了优势教练课，在这一年的学习过程中，她一次又一次地梳理自己的优势，想法几经变化：从最初的想了解自己的优势，到理清自己到底想要什么、适合做什么。她也因此很快得到了晋升，对此她分享了两个关键点。

第一，学会与人相处。

她现在可以通过他人的行为分析他们的优势才干，也可以通过优势才干判断他们的行为。最重要的一点是，以前她不能理解一些人的行为，但现在都能够理解了，和他人的沟通也变得更顺畅了。

第二，学会知人善任。

随着对自己优势的了解，她清楚了自己的才干模式，以及做哪些事情可以更好地发挥自己的优势，她还把优势教练技巧运用在团队管理上。通过自己的努力，在学习优势教练课的第四个月，她从原来带一个小团队发展到管理公司整个销售团队。

 **案例：小金是如何做到知人善任的**

小金在团队中进行优势沟通，让所有人都能发挥自己的优势，从而让整个团队一起前进。作为一个销售团队，他们的团队里总有那种看上去毫不费力却能取得优秀业绩的员工，也有那种看起来很努力却依旧业绩不佳的员工。

以前她认为，员工业绩不佳的原因可能是沟通方式不对，只要教会他们沟通技巧，他们一定能拿下订单，所以她在这方面花了很多时间和精力。她总结自己的经验并将之传授给这些业绩不佳的员工，但并未取得明显的效果。

学习优势教练课后，她学会了用优势视角来看待这个问题。例如，团队里有一名员工的工作态度很端正，让他做的任何事他都能完成，但是成单数量一直不多。小金与他进行了几次一对一的优势沟通后发现，他的执行力比较突出，所以交给他的工作他都能按时完成。同时她也发现，这名员工很有创意，点子比较多。当时恰逢公司想在外销方面加强推广的力度，于是她向总经理推荐让这名员工去市场部试一试。

这名员工是一个认真努力的人，对于外销业务也比较了解，进入市场部以后，他的优势被不断放大，做了不少有效推广，同时也找到了让自己更有成就感的工作方向。

● ● ● ● ●

我们从小就被教育要补短板，哪里不足补哪里，所以我们会下意识地做"补短"的事情，而且不仅自己这样做，也期待他人如此。结果费了九牛二虎之力，却很难取得好成绩。但如同小金所说，最重要的事其实是"关注优势、发挥优势"。

**遇见优势，更懂自己；发挥优势，成人达己。**

## 思考清单

☐ 我每天都有机会在工作中发挥优势。

☐ 我每天都会有意识地在工作中发挥优势。

☐ 作为管理者，我总是会关注员工的短板。

☐ 作为管理者，我会有意识地关注员工的优势。

　　如果我们对自己的长处和短处都十分清楚，就能灵活地运用优势，避开短板。如果我们知道做哪些工作更能发挥自己的优势，哪些会碰到自己的短板，以及如何将优势运用在工作中，那么我们就有机会做到扬长避短。

　　知己知彼，百战不殆。发现优势是了解自己必不可少的一步，也是我们打造职业核心竞争力非常关键的一步。

　　**在擅长的事情上努力，你会越努力越幸运；在不擅长的事情上努力，你会越努力越迷茫。**

# 原来自己这么棒

通过发掘优势的 4 条线索，你可以找到自己的优势才干。此外，你还可以将自己的天赋潜能填写在第一章末尾的小练习中。

每个人都是一颗钻石，都会闪闪发光，有些人已经发光，有些人还在发光的路上。现在，是时候找到你的闪光点了。

下面是根据本章发掘优势和定位优势两节的内容列出的发掘优势事件示例。你也可以写出自己的 4 条线索事件和对应的天赋潜能，相信你会发现，原来自己这么棒。

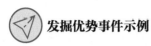 发掘优势事件示例

| "无限向往"的事情 | 对应的天赋潜能 |
|---|---|
| 我特别喜欢与人聊天，从小就喜欢，甚至能和朋友聊一宿。 | 表达能力，交际能力 |
| **"一学就会"的事情** | |
| 整理和收纳是我一学就会的，家里的东西和计算机里的文件，我都有自己的一套整理系统。 | 归纳整理能力 |
| **"如鱼得水"的事情** | |
| 写报告时，我常常是越写越投入。刚开始写的时候没有思路，但越写思路越清晰、想法越多。写到最后，常有一种头脑清明的感觉。 | 思维能力 |
| **"胜人一筹"的事情** | |
| 曾经有一段时间，我一个人照顾4岁的大宝和8个月的二宝，每天还抽出时间学习，还能通过游戏激发大宝帮我收拾房间，保持房间整洁。 | 统筹能力 |

## 小练习

一、无限向往。你会被什么类型的事情或活动自然而然地吸引？你对什么事情充满渴望？

| "无限向往"的事件 | 对应的天赋潜能 |
| --- | --- |
| | |

二、一学就会。什么样的事情你一学就会？

| "一学就会"的事情 | 对应的天赋潜能 |
| --- | --- |
| | |

三、如鱼得水。有哪些事情，你似乎本能地就知道怎么做，并且做起来如鱼得水？

| "如鱼得水"的事情 | 对应的天赋潜能 |
| --- | --- |
| | |

四、胜人一筹。做什么事情会让你觉得自己胜人一筹？

| "胜人一筹"的事情 | 对应的天赋潜能 |
| --- | --- |
| | |
| | |

结合第一章最后的优势梳理清单，再根据第二章"定位优势"一节中的 VRIN 模型，筛选出你的核心竞争力，最好不要超过 3 项。

我的核心竞争力是以下 3 项：

1.＿＿＿＿＿＿＿＿＿＿＿＿＿＿＿＿＿＿＿＿＿＿＿＿＿＿＿

2.＿＿＿＿＿＿＿＿＿＿＿＿＿＿＿＿＿＿＿＿＿＿＿＿＿＿＿

3.＿＿＿＿＿＿＿＿＿＿＿＿＿＿＿＿＿＿＿＿＿＿＿＿＿＿＿

如果你对自己所写出的核心竞争力感觉还不太确定，那么可以写优势觉察日记，从而发掘自己的优势，持续打造自己的核心竞争力。

# 第三章

# 展示优势：

## 让已有的价值被看到

● ● ● ●

一个人的价值，应该看他贡献什么，而不应当看他取得什么。

——阿尔伯特·爱因斯坦，物理学家

# "我的口才不好，怎样让他人看到我的优点"

 **案例：要不要辞职**

　　小睿大学毕业后进入一家央企，工作 10 年后，身边有朋友邀他一起创业。为此，他开始纠结：和朋友一起创业，还是继续留在原单位。

　　创业意味着要离开已经工作了 10 年的地方，自己是否适合创业，能否创业成功还是一个未知数。而继续留在原单位也看不到升职和加薪的机会，小睿的内心很不甘。

　　他找我做了咨询。小睿在原单位虽然工作了 10 年，但是职位一直没有太大变化。他为人处世比较低调，不善表达。"领导说我不爱表达，总是鼓励我多讲话，但其实我不善表达，也不知道该如何说。"在谈到和领导的相处时，他这样说道。

由于不善表达，很长时间以来，他也不知道自己还有哪些优势，这导致小睿长期得不到领导的重用，他自己也觉得没有成就感。这也是为什么后来朋友提到创业时，他会动心的原因。

● ● ● ● ●

小睿的优势其实很突出：爱思考、学习能力强、分析能力强、做事严谨。如果他能将这些优势充分展示出来，那么一定会成为领导的得力干将。然而遗憾的是，他把这些"优势"停留在想的层面，没有充分展示出来。

在职场上，我们经常会遇到这样的人：他们在工作上兢兢业业，甚至任劳任怨，却不善表达，导致在绩效考核方面很难获得自己预期的结果。

在第二章中，我们分享了一个公式：才干 × 投入 = 优势。

当一个人拥有某些才干时，如果他不在这些方面投入时间和精力，是无法将这些才干转变成优势的。

像小睿这样"不善表达"的员工，怎么才能让领导看到自己的优点呢？

一个秘诀就是定期主动向领导做工作汇报。例如，每周五主动将这一周的工作内容和进展向领导做一次汇报，邮件、电话、面对面沟通等汇报方式都可以。

另外，他还可以将汇报内容整理成一个文档，有条理地呈现出来，并把文档发送给领导。他也可以提前准备一份腹稿或草稿，去领导办公室当面向其汇报。

这个秘诀对"不善表达"的员工来说非常重要。在工作上，我们要时刻让领导知道我们在干什么，工作进展到了哪一步。

如果公司有定期的沟通机制，如每周写工作周报，我们就可以利用这个机会把自己的工作成果展示出来，这也是在展示自己的优势。如果公司没有这样的机制，我们可以定期主动向领导做工作汇报。

尤其是当领导带领几十人甚至上百人的团队时，如果你没有做出特别的成绩，那么领导就很难注意到你。

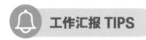 工作汇报 TIPS

1. 汇报节奏：每周一次。

对一些节奏比较快的公司来说，各部门的员工可能需要每天汇报一次工作。

2. 汇报内容：有工作成果且尽可能简洁。

汇报要有一定的逻辑结构，主次分明，必须包含本周的工作重点和成果，你可以参考下面的工作汇报模板。此外，本书在第五章中还分享了一些实用的沟通和表达方法。

 **工作汇报模板**

---

**1. 工作任务**

这周我主要负责_____工作。

**2. 工作业绩和成果**

本周目标是_____，完成了_____，离目标还有_____，没有完成的原因是_____，这个问题我将_____解决。

**3. 工作挑战**

本周遇到的挑战是_____，我想到的解决方案是_____，您看怎么样？

注意：工作任务、工作业绩和成果部分是工作汇报必须包含的内容，如果工作中未出现挑战，那么该项可以省略。

---

如果你这周未能完成任务，或者在工作上没有取得实质性的进展，还要向领导汇报吗？如果要汇报，说些什么？

答案是要向领导汇报。此时，你可以说一下自己的工作思路。请记住，在你做工作汇报的时候，也是在展示自己的优势。

## 案例："老师，我在工作上升了一级"

我们沟通后，小睿明确了自己的优势，也意识到了创业对目前的自己来说并不合适，所以选择继续留在原单位，但自己要做出改变。他采纳了我的建议，每周向领导汇报工作。

刚开始时，他有些不习惯，觉得这些工作都是自己应该做的，总觉得自己做的这些事没什么大不了的，有点不好意思向领导汇报。但因为要改变现状，他必须做些什么，于是就先每周发一份文字版的工作汇报给领导。第一次发工作汇报，他就受到了领导的表扬。

在他坚持发工作汇报几周后，领导给他的反馈是，"你的方案很好，而且感觉你和以前不一样了，像换了一个人，更积极主动了。"

他很开心，感觉到了自己在工作中的价值，而且得到了领导的认可。他说虽然领导每次回复的文字并不多，有时可能还会忘记回复，但他依然坚持，因为他能感受到领导对他的认可和鼓励。

除了文字汇报外，他也去领导办公室当面汇报工作，在团队开会的时候开始主动发言，分享自己的思路和想法。

半年后，他给我留言："老师，我在工作上升了一级！领导还在年度大会上点名表扬了我。主动向领导汇报工作，真的很有用……"

　　每个人都是一颗钻石，都会闪闪发光。有些人已经发光，有些人正在发光的路上。找到自己的优势，在工作中充分展示这些优势，你很快也会闪闪发光。

---

**思考清单**

□ 我每周都会向领导汇报工作。

□ 我从来不主动向领导汇报工作。

□ 每次汇报工作时我都能说出自己的工作成果。

□ 作为管理者，我会让团队成员每周做工作汇报。

# 管理短板：让自己的优势成为资源和杠杆

在小睿的案例中，不善表达是他的一个短板，并且这一短板已经严重影响了他的职业发展，对他而言，此时管理短板势在必行。他通过定期主动向领导汇报工作，让领导及时看到了他的工作进展和优势价值。

在职场中，及时与领导沟通并汇报工作，是让领导迅速了解自己的工作进展的有效方式，也是展示自己优势和价值的机会。

 **案例：小颜要不要转型**

小颜在一家知名外企做项目管理工作，目前萌生辞职的想法。

其实她并非不喜欢这份工作，当前的工作满足了她的很多需求，无论薪资待遇还是个人成长，她都很满意。但她仍然想辞职，原因是工作强度太大，并且公司最近换了新领导，自己很不适应。

她经常要和外国同事开会，同事们对她的评价是工作能力强、认真负责、注重细节。这些优势让小颜取得了很多工作成果，也让她获得了晋升。

最近，她同时负责几个项目，每天工作十几个小时，晚上到家经常都 11 点多了。她觉得自己的身体有些吃不消，而且与新领导处于磨合期，有时还会出现意见不一致的情况。

于是她萌生了换工作的想法，并且她不想再做项目管理工作了。

● ● ● ● ● ●

这就是小颜找到我时的状态。在小颜的才干模式里，沟通等影响力领域的才干排名靠后。所以当她在工作上遇到问题时，不会主动表达自己的想法。例如，连续加班到深夜、和新领导的相处等压力，她都选择了自己默默承受。

显然，这一短板已经阻碍了她的职业发展，甚至影响了她的日常生活。如何管理这一短板？我建议她用自己的优势来管理自己的短板，先解决当下遇到的问题，再考虑是否辞职并转型。

小颜擅长换位思考，工作认真负责，项目管理经验丰富。在我们沟通后的第二天，她就向新领导汇报了最近的工作进展，并针对遇到的问题分享了自己的看法。对于自己每天工作十几个小时，她分析了原因并说了几个提高效率的解决方案。之前她也有过同时负责几个项目的经历，而且工作业绩得到了前领导的认可。

新领导听完小颜的分享后很欣喜，当下就表示支持小颜的想法，还表示自己其实也不喜欢加班。两人聊了很多，从工作到个人喜好，相谈甚欢。

和新领导沟通后，小颜给我发来消息："我觉得自己心里的石头放下了，整个人感觉轻松了不少，对新领导也有了新的认识，新领导并不是不可接近，而且我还发现我们有一些共同之处……"

最后，她说自己不着急辞职了，而是先把当下的事做好，把自己的优势展示出来。

**及时向领导汇报工作是展示自己优势的有效方式。**

关于是否要换工作或转型，你可以做一下下面的工作转型问题清单。

## · 工作转型问题清单 ·

1. 我在当前的工作中是否能发挥自己的优势？

　　○ 是　　　　　　　○ 否

2. 我是否喜欢当前的工作？

　　○ 是　　　　　　　○ 否

3. 我是否在工作中展示出了自己的优势？

　　○ 是　　　　　　　○ 否

4. 我的领导是否知道我的优势？

　　○ 是　　　　　　　○ 否

注意：如果你对问题 1 和问题 2 都回答"是"，那么就不要急于转型；再判断问题 3 和问题 4 自己是否都做到了，如果对其中一个问题回答"否"，不妨先展示自己的优势，并让领导知道自己的优势。

和领导及时沟通，主动展示自己的优势，让自己的优势成为资源和杠杆。只有发挥优势的杠杆作用，才能将业绩放大 10 倍（见第一章）。

如果一个人不主动展示自己的优势，那么这些优势是不容易被他人发现的，自己的价值也就很难体现出来。如果我们在工作中感受不到自己的价值，就容易陷入迷茫，甚至萌生辞职并转型的想法。如果我们不知道如何展示自己的优势，即使换一份新工作，还是会遇到同样的问题。所以，主动展示自己的优势才是解决问题之道。

# 巧借外力：利用支持系统达成目标

在移动互联网和人工智能快速发展的时代，越来越多的平台、软件和工具为我们获取信息提供了诸多便利，这让我们不仅节省了时间，还提高了工作效率。这些平台、软件和工具，甚至一些流程，也构成了我们支持系统的一部分。

找到适合的支持系统，巧借外力，也能帮助我们展示自己的优势，达成目标。

如果一个人思维活跃、善于创新，但逻辑性不强，那么他可以使用一些辅助工具（如思维导图）来帮助自己理清思路。

如果一个人觉得自己不善于管理时间，很容易忘记做一些事，就可以借助闹钟、任务清单等工具提醒自己。

如果一个人觉得自己无法保持专注，但是有些事情又必须自己集中精力才能完成，如写一份项目报告，就可以借助番茄计时钟等应用软件。

番茄工作法是帮助人们集中注意力的一种有效方法，能极大地提高工作效率，还会让你有一种意想不到的成就感。如果你存在无法集中注意力的问题，不妨试试番茄工作法。

 **番茄工作法 TIPS**

### 1. 先工作 25 分钟

将番茄时间设定为 25 分钟，专注地工作，中途不做任何与该工作任务无关的事，直至番茄时钟响起。

### 2. 休息 5 分钟

短暂地休息 5 分钟，可以离开办公桌，不再做和该工作任务相关的事。

### 3. 开始下一段番茄时间

每段番茄时间是 30 分钟，包括 25 分钟工作时间和 5 分钟休息时间。每 4 段番茄时间后，可以多休息一会儿。

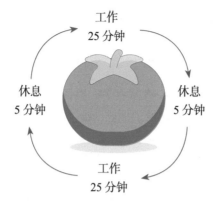

　　下面是小涵的优势觉察日记（见第二章），她在参加优势训练营时采用番茄工作法顺利完成了每天的学习任务，还帮助孩子提高了学习和做事的效率。

## 小涵的优势觉察日记

日期　12月8日

| 优势事件 | 前几天有人在群里分享了番茄工作法，起初我担心这种方法会打断自己的工作，所以没有采用。现在仔细想了一下，推荐这种方法的人都比较高效、专注，而我恰好在这方面不擅长。于是，在今天的课程学习和作业中，我使用了番茄工作法，果然提前完成了作业。我也鼓励孩子在看动画片、学习上使用番茄工作法，孩子的学习和做事的效率也明显提高了。 |
|---|---|
| 优势 | 思维、积极、伯乐 |

## 案例："聊天让我们的关系变近了"

　　小石做市场营销工作，最近他升职了，开始带团队。但他不擅长与他人建立关系，而且和下属经常产生分歧，甚至和领导也是如此。因此，他的人际关系有些紧张，并且已经影响到团队工作的正常推进。

　　我们沟通后，我发现他很喜欢分享，并且善于表达。我就给他提了一个建议：每天安排 30 分钟到 1 个小时，专门用于和一名下属单独进行沟通。

　　这种方式是小石喜欢且擅长的。他会在聊天中倾听员工的想法和需求，也会分享自己的看法。几周后，他告诉我："我没想到大家其实都有很多好的想法，和大家聊一聊感觉很好，我们的关系也更近了。"

　　后来，他就把和下属的一对一沟通作为每周必做的事，并安排进了自己的日程表里。

● ● ● ● ●

　　通过把一对一沟通设置为工作流程的一部分，小石不仅实现了目标，还用自己喜欢和擅长的方式管理了自己的短板。

　　你的支持系统是什么？巧借外力也展示了你利用资源优势的能力。关于资源优势，请参见第一章的优势冰山模型。

# 形成互补：与搭档实现 1+1>2 的效应

人不是孤立存在的，很多事情我们都无法一个人完成。特别是在企业和组织里，我们需要团队合作，甚至跨部门协作，只有这样才能实现共赢。这时，搭档就很重要。找到合适的搭档，建立优势互补，取长补短，让彼此的长板变得更长。

 **案例："多亏了执行力强的同事"**

我有一位女性朋友是多家公司的创始人和首席执行官。为了加强团队协作，做到人尽其才，她邀请我给其中一家公司的高管做团队优势培训。

她也参加了培训，并明确了自己的优势维度是影响力和战略思维，短板是关系建立和执行力。但执行力对一支高绩效团队而言非常关键。如果执行力不强，很多事情就难以落地。

她也感到公司在执行力方面遇到了阻碍，所以想通过优势培训进一步了解自己和团队，看看是哪里出现了问题。

明确自己的短板后，她准备找执行力强的同事来管理自己的短板。所有需要在有限时间内完成的事情，她就交给团队中执行力强的同事，另外她还招聘了一名执行力强的助理。

几个月后，她和我分享了一些工作进展。她说多亏了执行力强的同事，某个产品才能按计划上线。通过优势互补，她达成了工作目标。

● ● ● ● ●

如果你的执行力也不强，不妨找执行力强的伙伴多合作、多交流，他们会在某种程度上带动你完成目标。下面列出了提升执行力的 5 种方法。

如果一个目标看上去不易实现，我们不妨将这个目标拆解成具体的、可执行的、易完成的若干小目标。

**提升执行力的 5 种方法**

| 方法 | 原理 |
|------|------|
| 与执行力强的人合作。 | 优势互补。 |
| 列待办事项清单，做好时间管理。 | 借助清单将事情可视化，这可以起到提醒和督促作用。 |
| 定期复盘，把没有完成的事再度提上日程。 | 借助复盘工具。 |
| 找人监督，如身边的朋友、家人、同事等。 | 优势互补。 |
| 拆解目标，减少阻力，增加动力。 | 借助流程，将目标拆解和细化。 |

　　例如，小 A 的目标是"我要在一年里读 50 本书"，我们可以先按月拆解这个目标，即每月读 4~5 本书；再按周拆解目标，即每周读 1 本书；然后按天拆解目标，即每天读 30 页。这样，一年的读书目标就比较容易实现。

　　如果你发现有些目标难以完成，还可以分析一下有哪些阻力，并换一种方式去实现目标。

　　例如，小 A 平时经常加班，从早忙到晚，很难留出完整的时间段用于读书。通过复盘自己每天的时间安排，他发现自己可以在上下班的途中听书，因为他每天的通勤时间是 1.5 小时。于是，通过听书的方式他完成了读书目标。

　　如果小 A 觉得读完一本书很难，如自己在读书时很难集中注意力或书买了很久仍未拆封，那他可以参加读书会或线上共读营，和更多志同道合的伙伴一起读书。通过这种方式，小 A 还能和书友们一起交流读书心得，更有效地吸收书中的精华并学以致用。

这其实也是借助外力实现优势互补的一种方法。一个人可以走得很快，一群人会走得更远。

如果你的短板是你的搭档的优势，而你的优势刚好是对方的短板，那么你们就会形成强强联合，双方都能展示各自的优势，实现 1+1>2 的效应。

**发挥各自的优势能实现 1+1>2 的效应。**

有些人思维活跃，当和大家就某个主题展开讨论时，总是能联想到很多其他事物，即思维比较发散，越讨论思路越多。这种思维模式能够激发出很多好创意，这对需要有一定创新性的工作非常重要。

但是，由于想法发散，大家在讨论时容易偏离主题。这时，身边如果有一个专注力强的伙伴，就能提醒大家把握节奏，把太过发散的思维拉回到主题上。

当双方知晓彼此的优势，了解各自的才干模式时，他们就有机会成为完美的搭档，在工作中发挥各自的优势，实现共赢。

这在团队协作上格外重要。就像我们在第一章中提到的木桶原理，运用各自的长板，同时避开各自的短板，能让我们的优势更突出，让自己已有的价值被看到。

**思考清单**

☐ 我有工作搭档。

☐ 我了解搭档的优势和短板。

☐ 搭档也很清楚我的优势和短板。

☐ 我们能基于彼此的优势工作，让彼此的优势都能被看到。

# 你值得被看见

天生我材必有用。在工作中，有些人能很快闪耀出光芒，升职、加薪的机会不断；也有些人勤勤恳恳、默默耕耘，却一直未能崭露头角。

 **案例：从"小透明"到被认可**

小欣毕业后就进入一家公司，岗位是行政专员。两年来，小欣在工作上一直任劳任怨，所有打杂、跑腿的工作来者不拒。

久而久之，同事们对小欣的印象是好说话、努力，但是没什么特别之处（优势）。

小欣为人低调，还给自己起了个绰号，叫"小透明"，在公司几乎没有存在感。同事们也都是这么看待她的。

一天，小欣的家人给她找了一份新工作，这份工作有更好的薪资待遇，也有更好的职业发展前景。于是，小欣就从原公司辞职了。

几个月后的一天，她在商场里偶遇了一位前同事。这位前同事很激动，大声说："小欣，好久不见，你走后我们都很想念你！"小欣笑了笑，没说话。

这位前同事接着说："公司后来又招了一名行政专员，但是我们都觉得她没你好。你当时总是默默地在旁边支持大家，什么脏活、累活都抢着干，任劳任怨，踏实努力……"这位前同事说了很多小欣的好。

当初小欣辞职时，领导并没有挽留她，以至于她当时觉得自己学历一般，没有什么优势，甚至有些自卑。所以，这位前同事的反馈多少让她有些意外。

在适应新工作的过程中，她找到了我。在我们沟通后，她开始了优势发展之旅。在新工作中，她多次收获领导和同事们的肯定，也变得越来越自信。

● ● ● ● ●

"你有属于自己的钻石，你值得被看见。"这是我们每次见面，我都会对小欣说的一句话。她说了解自己的优势后带给她很多能量，从一开始觉得自己一无是处，到后来能自信地展示自己的优势；从自卑、"小透明"，到在新工作岗位上独当一面，并且还得到了晋升。

也许你也会遇到这样的同事、朋友或家人，他们默默付出，不求回报，但他们的付出大家却习以为常。我们忘记甚至看不到他们的优势和价值，直到某一天他们离开了，我们才注意到有他们在是多么好。

事实上，大多数人的内心深处都有这样的需求：在工作上，我们努力付出后，希望得到领导的认可；在家里，我们希望家人看到自己的存在和价值。

所以，我们不妨先从自己做起，去看见、支持和点亮自己和他人。

**每个人都渴望且都值得被看见、被支持、被点亮。**

如果我们看不到他人的潜能和优势，就没办法做到支持他们，更谈不上去点亮他们。

我们要主动展示自己的优势，让更多人看到我们的价值。同时，我们也要发现和看见他人的优势，支持和点亮他人。下面的看见和展示优势测试可以帮助你了解自己在看见和展示优势方面做得如何。

## ·看见和展示优势测试·

1. 我能否在工作中展示自己的优势？

　　○是　　　　　　○否

2. 我能否在团队中看到他人做得好的地方？

　　○是　　　　　　○否

3. 我是否会主动赞美他人做得好的地方？

　　○是　　　　　　○否

4. 与不足相比，我是否更关注自己的优势？

　　○是　　　　　　○否

5. 与不足相比，我是否更关注团队伙伴的优势？

　　○是　　　　　　○否

6. 我是否每天都会主动做自己擅长的事？

　　○是　　　　　　○否

7. 当遇到挑战时，我是否会借助团队优势来应对？

　　○是　　　　　　○否

8. 我是否每周都会和领导沟通工作，汇报本周工作成果？

　　○是　　　　　　○否

9. 作为管理者，我是否熟知每位团队成员的优势和短板？

　　○是　　　　　　○否

10. 作为管理者，我是否会创造机会让团队成员做他
　　 们擅长的事？

　　○是　　　　　　○否

回答"是"计 1 分，回答"否"计 0 分，满分为 10 分。我们还可以将这 10 个描述作为参考，基于优势来点亮自己、他人和团队。

每个人都可以成为一束光，在照亮自己的同时，温暖和成就他人。我们的优势就是这束光里最闪耀的部分，它不仅是我们的核心竞争力，还是最重要的资源、动力和杠杆。当我们充分展示出自己的优势并让更多人看到时，我们才会光芒四射。

# 绽放你的优势之花

每个人的心里都开着一朵花，无论这朵花是艳冠群芳还是平凡无奇，都是不可取代的一种美好，都是独一无二的，因为这朵花里蕴藏着你的突出优势。

 **案例：小支的优势之花**

小支出生在农村，父亲特别严肃，她从来都不敢和父亲对着干。在这样的家庭环境下，她成长为一个外表温顺、骨子里叛逆的人。成年后，她特别没有自信，害怕权威，虽然学习很努力，工作也很认真，但从来不敢主动向老师、领导表达自己的想法，更不要说争取个人利益了。这样的状态持续了多年，直至她参加了优势教练课。

学习优势教练课后，她更加了解自己，在工作中能主动展示自己的优势，还能自信地和领导沟通。那是一次偶然的机会，她在等人时遇到了自己的领导。领导请她喝茶，他们边喝边聊，一起分析公司面临的问题、未来的发展方向，还有企业文化。她发现自己越聊越主动，最后他们聊了4个小时。

之前，她根本不敢自信、冷静地和领导交流。但现在，她知道自己在战略思维方面很擅长，拥有前瞻、学习和理念等才干，也变得越来越自信。在这次和领导的沟通中，她主动展示自己的优势，让领导了解自己的想法。

作为公司的中层管理者，她也有意识地去了解员工的优势，甚至为每个人做了优势辅导。

在做完优势辅导后，她能站在对方的角度去"看到"他们。当看到同事的优势和短板后，她在安排工作时，就尽量让他们做自己擅长的事，避开他们的短板。

从被动到主动，从害怕权威到自信满满，从发挥自己的优势到发挥员工的优势、为团队赋能，小支实现了自我突破，也绽放了属于自己的优势之花。

● ● ● ● ●

下面是小支绽放优势之花的关键步骤和采取的行动。

**小支是如何绽放优势之花的**

**关键步骤 1** 认识和发现优势

**采取的行动**：通过学习，她深入了解了自己的才干和优势，即在战略思维领域突出，前瞻、学习和理念等才干排名靠前。

**关键步骤 2** 展示优势

**采取的行动**：把握和领导沟通的机会，主动分享自己的想法和对公司发展的思考。

**关键步骤 3** 运用优势

**采取的行动**：将学到的优势教练技术应用在团队管理上，有效识别团队成员的优势和短板，知人善任。

　　如果你也期待像小支一样绽放自己的优势之花，在工作中更自信、更勇敢，能够突破自我，那么可以试着回答小练习的问题。请写下你的答案，而不是只在头脑中想一想。相信你也会绽放自己的优势之花，收获幸福和精彩。

## 小练习

　　一、根据第一章末尾的"我的优势梳理清单"，以及第二章的"我的核心竞争力"，写下你希望被领导和同事看到的优势及原因。

希望被看到的优势：_____

_____

原因：_____

_____

二、为了能让领导和同事看到自己的优势，写下你第一步打算做什么及为什么要这么做。

第一步打算做：_____

_____

这么做的原因：_____

_____

三、假设领导和同事都已经看到了你想要让他们看到的优势，写下他们可能会对你说些什么及你的感受是什么。

他们会对我说：_____

_____

我的感受：_____

_____

# 2

第二部分

## 深耕优势

哈佛商学院教授克莱顿·克里斯坦森说过，"如果你能够找到一份自己喜爱的工作，你会觉得这一生没有一天是在工作。"

第四章

# 职业突破：

## 基于优势找到适合的方向

● ● ● ●

大多数人穷尽一生去弥补劣势，却不知从无能提升到平庸所需要付出的精力，远远超过从一流提升到卓越所需要付出的努力。唯有依靠优势，才能实现卓越。

**——彼得·德鲁克，管理学大师**

# "迷茫的我如何找到发展方向"

"我很迷茫，没有方向，不知道自己适合做什么。"

"我没有动力，不知道这份工作是否适合我，怎么才能找到自己真正喜欢的工作呢？"

"我感觉最近工作没有目标、缺乏动力，我想知道如何结合自己的优势进行职业规划？"

"我不喜欢现在的工作，想寻找适合自己特长的岗位。"

"在他人眼中，我是一个优秀的人，但最近我感觉不到自己的价值了，我需要专业的帮助。"

"我在自己擅长的领域遇到了瓶颈，缺乏向上发展的机遇，我不确定自己是否要继续留在现在的岗位上，还是转型尝试一下其他领域？"

"现在有几个工作机会供我选择，但我不知道哪一个更适合自己。"

"我现在的工作定位不是很清晰，不知道自己对什么样的事情更有热情，在职业选择上很焦虑。"

"我工作 10 年了，却越来越迷茫，怎样才能改变现状？"

"我刚辞职，找不到未来的方向，好像在很多方面都很擅长，但又不知道如何取舍，总是在选择中纠结，在取舍中消耗。"

……

以上是我经常收到的学员们的留言。无论迷茫还是没有动力，甚至焦虑、不知如何选择，核心问题都与职业方向不清晰有关。

事实上，一个人要想了解自己适合做什么样的工作，要先明确自己具有哪些优势：我擅长什么，不擅长什么，哪些事情我做起来轻而易举，哪些事情我做起来要费九牛二虎之力，甚至花费全部的精力也未必能取得预期的结果。

首先，梳理自己的优势，明确自己的核心竞争力（相关方法可见前两章）。相信在采用了优势梳理的方法后，现在你对自己的优势已经有了进一步的了解。

其次，一个人适合做什么工作，除了看他是否拥有做这份工作的优势之外，还要看他是否真正喜欢这份工作。兴趣是最好的老师。学习如此，工作也一样。如果你不喜欢这份工作，就很难全身心地长期投入其中。

如何找到自己在工作上的兴趣点，找到自己真正热爱的事情？

我们先区分"我想做的"事情和"我不得不做的"事情。你可以列出自己每天在工作中需要完成的所有任务，然后看看哪些是自己想做的事情，哪些是自己不得不做的事情。

从"我想做的"事情里，再选出"我最想做的"事情，这就是你内心深处真正的热情和渴望。

小霞是我们优势教练班的一名学员，在银行工作，担任部门副总经理。下面是她的工作梳理表。通过梳理，她发现了自己最想做的工作，即撰写各类工作总结、处理临时性任务和业务管理。

## 小霞的工作梳理清单

| 日常工作 | 最想做的工作 |
| --- | :---: |
| 1. 撰写各类工作总结 | ☑ |
| 2. 处理临时性任务 | ☑ |
| 3. 组织协调 | ☐ |
| 4. 报表和报告报送 | ☐ |
| 5. 向上和向下沟通 | ☐ |
| 6. 业务管理 | ☑ |

在最想做的工作方面，她也能充分发挥自己的优势和才干。例如，在撰写工作报告时，她运用搜集才干寻找素材，运用思维和理念才干形成自己的观点，运用学习才干丰富总结的内容，运用成就才干完成报告。

你也可以参照上述清单，在本章最后一节中写下你的工作梳理内容，梳理完后，说不定你会有新的发现。

如果你发现在日常工作中没有一项是自己最喜欢做的工作，那么就表明你需要调整自己的工作了。你可以根据下一节中的工作甜蜜点模型，探索新的职业可能性。

# 使用工作甜蜜点模型：让你在职场不再迷茫

甜蜜点（Sweet Spot）早先被用在高尔夫球、棒球等球类运动中，是指在击球的瞬间，球与杆头接触的最佳区域。如果击球的部位在甜蜜点，表示能量没有损失，打出的球会飞得又高又远，而且球速最快。这也意味着，在各方面条件都恰到好处时，球员能轻松完成原本较为艰难的任务。甜蜜点后来也被广泛应用在经济学等领域中。

在工作中，我们也可以找到这样的甜蜜点。每个人都有机会找到自己最理想、最适合的工作状态，我们把这种工作状态称为"工作甜蜜点"。

工作甜蜜点模型由 3 个元素组成，即优势、热情和价值，3

个元素的交集就是甜蜜点。

## 优势

我在第一章中介绍了优势冰山模型。一个人的优势包括其拥有的知识、技能、资源等易被识别的优势，也包括相对隐藏的才干和品质优势。

我们要在工作中尽可能地发挥自己的才干。如果一个人在工作中无法发挥自己的才干，就如同一颗种子不能破土而出，那么他会觉得不自在、不开心，没有成就感。久而久之，他就会感到很受挫。这也是主动发挥和展示自己的优势十分重要的原因。

 **案例：马斯克的"全力以赴"**

埃隆·马斯克作为三家公司（SpaceX、特斯拉汽车及PayPal）的创始人，被称为"硅谷钢铁侠"。他对工作无限热爱，也将自己的优势在工作中发挥得淋漓尽致。

无论做事情的专注、坚毅、高度自律，还是所学的材料学、物理学专业方面的优势，他都在工作中充分展示了出来。

他热爱技术，对梦想有执着的态度和长期追求的决心。既要开脑洞，也要用结果来证明。一旦他抓住一闪而过的创意，就会为自己的想法倾注所有。

一次，马斯克带领员工做团建，他们骑自行车穿越一个峡谷，最后一段路程骑起来异常艰难，但他坚持到最后。就像他的同事所描述的："马斯克永远能保持精力充沛，并且对任何事情都会全力以赴。"

● ● ● ● ●

我们并不是说每个人都要成为马斯克，但是我们可以成为最好的自己。如果一个人能在工作中充分发挥自己的优势，那么这份工作将带给他极大的成就感。我们要找到工作中能发挥自己优势的事情，因为这是我们的工作甜蜜点会出现的地方。

**思考清单**

☐ 我每天都有机会在工作中发挥自己的优势。

☐ 我每天的工作内容都不是自己擅长的。

## 热情

我们在做一件事时，有时会达到一种全神贯注、投入忘我的状态。在这种状态下，我们甚至感觉不到时间的流逝，在事情完成后，还会有一种内心充满能量且非常满足的感受，这就是"心流"（心理学家米哈里·契克森米哈伊尔提出的理论）。

这里的"热情"是指一个人很喜欢做这件事、愿意为之全身心投入。

一位学员曾告诉我："我在学习的时候很投入，特别在学习我喜欢的课程时。比如，我从早上 8 点半开始听课和完成作业，到现在已经下午 3 点了，我还没吃午饭，也没感觉到饿……"

这就是热情。在工作上，做哪些事情时你会有类似的感受呢？

当我们对工作充满热情时，就会投入其中，甚至废寝忘食。如果一个人对自己从事的工作没有热情，就很难做到全身心投入，那么他就很可能缺乏工作动力。因此，找到能够让自己产生"心流"的事情至关重要。

---

**思考清单**

☐ 清晨，我满怀希望地起床，迫不及待地想要投入工作。

☐ 睡觉前，我感到今天充实而有成就感。

如果在上面的思考清单中，你的回答都是"☑"，那么这份工作就是你真正热爱的。

## 价值

我们可以从两个维度认识价值：一个是对外，另一个是对内。

对外，就是对社会。这份工作对社会有没有价值，有没有社会和市场需求。

对内，就是对自己。对你而言，这份工作的价值回馈能否让自己满意，如薪资福利。如果你对一份工作很热情，也能在工作中发挥自己的优势，但收入很少，满足不了日常生活需求，那么这份工作就很难成为你的甜蜜点。

拥有甜蜜点的工作需要在优势、热情和价值3个元素上都得到满足，否则我们要么感到不满足，要么觉得难以投入，要么会深感受挫，如下图所示。

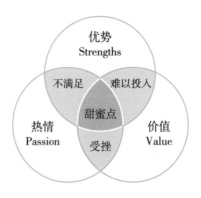

问题一，我的工作甜蜜点会不会变化？

一个人对于工作甜蜜点的探寻是一个动态的、发展的过程，并非一蹴而就。而且随着年龄的增长和生活阅历的增加，在不同的人生阶段，一个人的工作甜蜜点可能会有所不同。

例如，小 A 刚开始工作时，想要留在北京或上海这样的大城市；在价值方面，他想要找到一份能解决当地户口的工作。只要这份工作能解决户口，即便薪水不高，这份工作也是他当前阶段的工作甜蜜点。

工作几年后，当他组建了家庭，有了孩子，可能会想挣更多钱或多一些时间陪伴家人。这时，他的需求和价值点就与之前有所不同，工作甜蜜点也会相应地发生变化。

另外，当小 A 做同一份工作几年后，发现自己每天都做着重复的工作，已经没有了最初的热情，甚至觉得自己的某些优势发挥不出来。这时，他的工作甜蜜点也发生了变化。

在更注重个体化的时代，越来越多的人对自己有更多、更高的追求。因此，找到工作甜蜜点变得越来越重要。

问题二，如果我一直找不到工作甜蜜点，怎么办？

我们可以在工作中先找到哪怕很小的甜蜜点，并发挥自己的优势。在此期间，不断积累相应的知识、磨练技能，让自己的专业能力越来越强，让自己的核心竞争力不可替代。

机会总是留给有准备的人。当我们解决问题的能力变得更强，更大的工作甜蜜点机会就会来临。

在外界看来，一个人在工作方面需要不停地往上走，就像登山一样。在攀登的过程中，他可能会觉得艰难、痛苦、疲惫，甚至想要放弃，即使因此而获得了很多东西，如金钱、荣誉、地位，但他可能并不开心。这时不妨问问自己：我真正想要的是什么。

我们要找到内心真正看重和热爱的事，也就是找到自己内心深处的热爱，逐步优化和放大工作甜蜜点。

# 从事研发工作 6 年后，我转型做了培训师

在转型做培训师和优势教练后，经常有朋友问我：玉婷，从软件研发到培训，跨行业、跨领域成功转型，而且用时这么短，你是怎么做到的？

 **案例：我的职业转型之路**

我大学读的是自动化专业，研究生读的是软件工程，都是理工科专业，毕业后进入一家世界 500 强外企，成为一名软件工程师。

工作 3 年后，我感觉对软件研发工作的热情没有以前高了，成就感也不是很大，但当时并不清楚自己到底想做什么。

于是我开始探索，决定试一试项目管理。另外，我在公司还兼做部门的培训，包括新老员工培训和成长计划等。

在领导的建议下，我学习了国际项目管理课程，并拿到了项目管理 PMP 认证。后来，我有机会参与项目管理有关的工作，做了一段时间后，我发现自己并不像想象中那么喜欢做项目管理。

于是，我继续探索，包括调岗、换部门，积极参与公司组织的各项活动。

一天，我参加了公司所在园区举办的一场英文演讲，是由 Toastmasters 组织的。后来，我才知道这是一个国际公益组织，翻译成中文叫"头马"。

我很喜欢这种公开表达的方式，加上自己也特别喜欢英语，于是就坚持参加这项活动，先后担任了演讲俱乐部的副主席、主席、小区总监，到后来担任中国区中区总监。期间，我帮助多家公司创建了英文演讲俱乐部，还在自己所在的公司创建了一家英文演讲俱乐部，受到了公司中国区负责人的高度认可。

在头马工作的这几年，包括做演讲、培训、组织活动等，极大地释放了我的潜能。

头马是一个公益组织，在这里工作没有薪水，即便如此，我还是愿意投入大量的时间和精力。因为我白天还要上班，所以在头马的工作都是利用业余时间完成的。当时，我们经常晚上开会到深夜。我想，那就是"心流"的感觉。

2017 年 11 月，在朋友的推荐下，我做了盖洛普优势测评（见附录），报告显示我的前五项才干是积极、专注、取悦、沟通和成就。

我终于明白为什么自己不喜欢软件研发的工作了，也明白了为什么自己在头马工作时有那么大的热情，原来都是自己的才干在发挥作用。积极、取悦和沟通才干让我更喜欢与人交流，而不是每天对着机器。

此时，我对未来的工作方向有了新的认识，培训师就是我想要做的新方向。

● ● ● ● ●

为了进一步确认要转型做培训，我对自己的工作热情进行了梳理，如下所示。

 **玉婷的工作热情和优势（2017 年年底）**

| 我的工作热情 | 知识、技能（专业能力） | 才干 |
|---|---|---|
| 主持 | 有近 4 年的国际演讲协会主持经历、英文主持。 | 积极、专注、取悦、沟通、成就 |
| 培训 | 有近 6 年的培训经历：技术类培训，演讲与表达、领导力培训，两个国际培训师资格认证。 | 积极、专注、取悦、沟通、成就 |
| 组织宣传 | 有近 4 年的国际演讲协会活动组织、策划和宣传经历。 | 积极、专注、取悦、沟通、成就 |

在知识和技能方面，除了软件研发这一专业能力外，我在英语学习上也颇有心得，读研期间就通过了托福考试，听、说、读、写还算流利。另外，在 2016 年和 2017 年，我分别自费报名参加了两门国际培训师认证课程，并通过实践考核拿到了认证。在演讲、主持和组织宣传方面都有经验，但是没有专业的资格认证。

在优势才干方面，积极、取悦和沟通才干都使我更适合从事与人交流的工作，这些才干也支持我往培训、主持等方向发展，而专注和成就才干能帮助我在自己选定的领域持续投入精力。

通过分析和比较，我往培训方向转型会更有优势。然而，培训行业种类繁多，如学校教育、培训班、教育机构、企业培训等，那么，我适合从事哪类培训工作呢？

带着这个问题，我开始思考自己可以给他人带来哪些价值，以及哪个方向能给我带来价值回馈，并且能实现最大的价值回馈。

当时我有两个选择：一个是做私教老师，给成年人讲授如何学习英语；另一个是在一家培训机构做企业沟通和领导力方面的培训师。综合比较了这两份工作的优势和劣势，我认为企业培训能够给我带来更大的成长空间，所以我选择了这份工作。

2018 年年初，我顺利地实现职业转型，开始全职从事培训工作。

当我们知道了自己的优势和才干时，就可以多做自身才干更支持的事情。我们只有做了，才知道是不是自己心之所好。这个过程或许有些漫长，但只要你更早地了解自己的优势所在，就会加速成长，更快踏入适合自己的赛道。

**一个人独一无二的天赋才干，能让他释放巨大的潜能。**

一个人可以做出的最佳职业选择一定是基于他非常清楚自己的优势和才干，即我有什么、我能提供什么、我能做好什么、我做成了什么。

下面是职业方向选择问题清单，如果你正面临职业方向选择的问题，可以回答这些问题。你也可以在下一节的小练习中写出自己的工作热情和优势，开启工作甜蜜之旅。

**职业方向选择问题清单**

**Q1：** 我有什么

**A：** 专业能力、资源、才干等优势（见第一章）

**Q2：** 我能做好什么

**A：** 优势或擅长做什么

**Q3：** 我做成了什么

**A：** 过往工作经历中的业绩和成果

**Q4：** 我能提供什么，我能给他人或团队带来什么价值

**A：** 核心竞争力（见第二章）

**Q5：** 如果有多个选择，哪一个能给我带来最大的价值回馈

**A：** 选择甜蜜点更大的工作

# 开启你的工作甜蜜之旅

在擅长的事情上努力，你会越努力越幸运；在不擅长的事情上努力，你会越努力越迷茫。

每个人都有机会找到最理想、最适合自己的工作或状态，即找到自己的工作甜蜜点。你可以按照小练习中的行动步骤开启你的工作甜蜜之旅。

在前文介绍的小霞的案例中，她通过梳理发现自己最想做的工作是撰写各类工作总结、处理临时性任务和业务管理。

# 小练习

第一步：列出自己每天要做的工作，并标出自己最想做的工作。

## 我的工作梳理清单

| 日常工作 | 最想做的工作 |
|---|---|
| 1. | ☐ |
| 2. | ☐ |
| 3. | ☐ |
| 4. | ☐ |
| 5. | ☐ |
| 6. | ☐ |

第二步：梳理自己的工作热情和优势。

| 我的工作热情 | 知识、技能（专业能力） | 才干 |
|---|---|---|
| | | |
| | | |

第三步：为了放大工作甜蜜点，你觉得自己可以做些什么？请参照工作甜蜜点模型。

我可以做的事:＿＿＿＿＿＿＿＿＿＿＿＿＿＿＿＿

第五章

# 人际沟通：

## 优势沟通达成共赢

● ● ● ●

一生之中，你只有两次是独孤的，一次
是死的时候，一次是向上汇报的时候。

——瑞克·吉尔伯特，心理学博士

# 和领导讲话就紧张，怎样沟通更高效

"我们领导特别严厉，平常我都不敢和他打招呼。"

几乎每个上班族都期待能够和领导建立良好的关系，可以自如地与领导沟通。然而，无论向领导汇报工作，还是日常的工作沟通，都不是一件简单的事。

 **案例：小薇的焦虑**

小薇在一家金融公司工作，担任项目经理。她在这里已经工作 4 年了，期间升过一次职。

一天，领导委派她负责一个新项目，公司之前没有做过这类项目。小微认为按照公司以往的方式做这个项目，可能会有一些风险，于是就找领导沟通此事，但是领导并不认可。

后来在和领导沟通时又出现了类似的情况，小薇觉得很受挫。她认为领导"太自信了，听不进去别人的建议"。

几个月后，小薇发现自己与领导的关系越来越差，并且开始怀疑自己的工作能力。每次需要和领导单独沟通时，她就犯怵，甚至感到紧张、焦虑，于是萌生了换工作的想法。

● ● ● ● ●

小薇找到我，想要找寻自己的优势，为换工作做准备。

我们沟通后，她明白了原来是她和领导的沟通出现了问题，这才导致自己的优势没有被领导看到。

小薇的优势维度是战略思维。当她发现用原有的方式做新项目有风险时，项目的发展前景让她感到担忧。而领导并不这样认为，所以矛盾就产生了。

我给了小薇一个建议：在换工作之前，先和领导进行一次有效的沟通；在汇报项目风险时，也要提供解决方案。

作为项目经理，在看到新项目中的风险时，要想办法解决问题，尽量降低风险，并且把解决方案一并汇报给领导。

小薇擅长思考和分析，可以把解决方案也列出来，而且至少提供两个解决方案，让领导做选择。这样小薇不仅发挥了自己的战略思维优势，还让领导看到了自己解决问题的能力。

##  案例：小薇主动向上沟通

在我们沟通后的第二周，小薇主动和领导进行了沟通，一方面汇报了最近的工作，另一方面把自己内心的想法说了出来。针对最近做的项目，她表达了自己的看法，并针对发现的问题提供了解决方案。

领导听完后，觉得很好，他们还探讨了项目未来发展的各种可能性。期间，领导多次认可小薇的努力和付出，这让她很受鼓舞。

当晚，小薇就发来消息："老师，了解自己的优势后让我更有自信了，我们今天的沟通很顺畅，聊了一个多小时，领导在最后还说考虑给我加薪呢！"

● ● ● ● ●

**当我们在工作中发挥了自己的优势，而且让领导看到我们的优势时，结果就会令人很惊喜。**

对公司来说，沟通不畅带来的经济损失是难以估量的。一个人的职位越高，就越需要具备沟通能力、汇报能力、说服能力，否则很难在公司内部获得晋升。因此，学会如何有效沟通，并在沟通中展示自己的优势，就显得格外重要。

1. 提前做足准备。

熟悉汇报内容，提前思考领导可能提出的问题，并制定应对方案。只要我们做到有备而来，就能从容应对。

2. 提出问题的同时要有解决方案。

解决方案至少有两个，让领导做选择。切忌向领导提出问题后没有解决方案，因为这会让领导认为我们不具备解决问题的能力。

3. 解决方案里展示出自身的优势。

无论专业优势、资源优势，还是优势才干，都可以充分展示出来。如果需要领导提供支持，也可以明确提出来，具体的表达方式可以参考后文的 SVGSP 优势沟通模型。

# 使用PREP表达模型：轻松应对向上沟通

传统观念认为"管理"都是自上而下的。但是我们也需要"向上管理"。

向上管理并不是让你管理或操纵你的领导，而是为了公司、领导及自己有意识地管理"自己和领导的关系"。

在上文的案例中，在和领导的沟通出现问题时，小薇未能及时加以解决，导致随后和领导单独沟通时感到紧张、焦虑，进而萌生了换工作的想法。在我们沟通后，她调整了策略并再次和领导沟通，这次不仅她的建议被采纳，而且她本人还得到了领导的认可，甚至"领导要给她加薪"。

上下级关系对个人发展、团队绩效、组织稳定及企业的核心竞争力，都会产生重要的影响。

此外，一个人的职位越高，要处理的事情和承担的责任就越多。因此，他们的时间很宝贵，尤其是高层管理者，如果我们不能开门见山地阐述自己的观点，那他们可能很快就会失去耐心。

 **案例：小帆应如何与领导沟通**

　　小帆在一家 IT 公司工作，负责产品运营，在工作中有一项考核指标是售后工程师在服务过程中的工具使用率。她发现公司设定的指标存在口径不合理的问题，就打算和领导沟通此事。

　　在沟通之前她很担心，因为身边的几位同事最近陆续找领导汇报了工作，但大家的建议都没有被采纳。她有些犹豫，担心提出异议会影响领导对自己工作能力的判断。如何跟领导沟通才能让自己的建议被采纳呢？

● ● ● ● ●

许多职场人士或多或少都会有类似小帆这样的担心。针对这种情况，我建议大家使用 PREP 表达模型。在沟通中使用 PREP 表达模型，不仅可以做到简明扼要，而且有理有据，增强说服力。PREP 是 4 个英文单词的首字母缩写，具体如下所示。

## PREP 表达模型

P = Point 观点、核心信息

你想和对方说什么？用一句话阐述你的观点。

R = Reason 原因

解释一下为什么你的观点对领导、部门及公司很重要。

**PREP**

E = Evidence 证据

通过举例、引用数据等方式给出证据。

P = Point 观点、核心信息

重申你的观点。

PREP 表达模型能帮助你快速组织语言，高度提炼和总结自己的观点，给对方一个清晰且不容易被拒绝的理由。以最核心的内容开始，以最核心的内容结束，这样的表达简明扼要，是大部分高层管理者喜欢的沟通方式。

**向上沟通时，以最核心的内容开始，以最核心的内容结束。**

 **案例：小帆的建议被采纳**

在没想好怎样与领导沟通之前，小帆并没有贸然行动。

她参加了我的优势训练营，更多地了解了自己的优势，还学习了优势沟通等表达模型。她意识到，领导在工作中是以结果为导向的。

她打算使用课上学到的 PREP 表达模型和领导进行一次沟通。

"我认为当前工具使用率的考核指标设定得不合理，需要重新调整，原指标为 A/B，建议改为 C/B，其中 B 为服务量，A 或 C 为工具使用量。"小帆一边说，一边指给领导看。

"因为在服务中，客户可能会咨询多个问题，工程师会使用多个工具，但服务结束后，当前数据只记录工程师是否在客户咨询第一个问题时使用工具，而在其他问题上不做记录。这样，记录的结果就会与实际工具使用率有差距，难以实现设定该指标时的考核目的。"

领导听后，点了点头。

"您看这个服务例子，客户咨询了两个问题，其中问题 1 没有使用工具，问题 2 使用了工具。当前数据显示使用工具为 0。但事实上，在服务中，只要使用了一个工具，数据就应该为 1。"小帆接着说道。

"所以，我认为当前工具使用率的指标口径应该调整为 C/B，这样才能让该指标更客观地反映工程师使用工具的情况。"

最后，领导采纳了小帆的建议，重新调整了指标口径。这也是小帆提出的建议第一次被领导采纳，她感到很开心。

● ● ● ● ●

下面列出了小帆是如何在沟通中应用 PREP 表达模型的。

**小帆的 PREP 沟通**

我认为当前工具使用率的考核指标设定得不合理，需要重新调整，原指标为 A/B，建议改为 C/B。

> P：开场简明扼要地表明观点，指出考核指标需要调整及如何调整

因为在服务中，客户可能会咨询多个问题，工程师会使用多个工具，但服务结束后，当前数据只记录工程师是否在客户咨询第一个问题时使用工具，而在其他问题上不做记录。这样，记录的结果就会与实际工具使用率有差距，难以实现设定该指标时的考核目的。

> R：说出具体原因，为什么要这样调整

您看这个服务例子，客户咨询了两个问题，其中问题 1 没有使用工具，问题 2 使用了工具。当前数据显示使用工具为 0。但事实上，在服务中，只要使用了一个工具，数据就应该为 1。

> E：举例说明，给出证据

所以，我认为当前工具使用率的指标口径应该调整为 C/B，这样才能让该指标更客观地反映工程师使用工具的情况。

> P：重申观点

当然，除了向上沟通，你还可以将 PREP 表达模型用于即兴表达。例如，你突然被问到一个问题，但一时不知道怎么回答，这个模型就能帮助你快速找到突破口。

# 使用SVGSP优势沟通模型：成为沟通高手

作为员工，我们要向上沟通，希望争取到更多的资源和支持，向领导汇报一个棘手的问题和解决方案并希望得到批准。

作为同事，我们要和他人合作共同完成一个项目，如团队内部协作、跨部门协作。

作为管理者，我们要和下属沟通，激励团队，激发下属按时、保质、保量甚至超额完成任务。

另外，我们也要与客户、家人和朋友沟通。

如何在上述沟通场景中顺利达成目标，让双方都满意？这不是一件容易的事。

**案例：小丽将如何与新领导相处**

　　小丽在一家上市公司做人力资源工作，负责几个部门的人事工作。

　　最近，她的直属领导发生变动。新领导上任后，小丽发现自己很不适应，因为这位新领导总是临时给她布置任务，而且还要求她在一天或半天内完成。这经常打断她本来正在开展的工作，为此她感到很苦恼。

　　小丽本以为这种情况只是"新官上任三把火"，但是她发现，几个月过去了，新领导还是这样。这可如何是好？

　　学习了我的优势教练课后，小丽找到了答案。她认为，在和新领导的相处中，采用优势沟通对她帮助很大。

　　从优势视角出发，运用自己和他人的优势来达成沟通目标，这就是优势沟通。我们把它总结为 SVGSP 优势沟通模型。SVGSP 是 5 个英文单词的首字母缩写。这个沟通模型能够帮助你有效解决沟通问题，改善人际关系。

### 1. S = Strengths 看见优势

　　当一个人和领导或同事的意见出现分歧时，双方可能会争执不休，即使最后达成了共识，也很可能是因为一方做出了妥协，而妥协的一方大多会觉得不服气。

时间久了，双方的关系就会受到影响，进而影响工作的动力和绩效，前文小薇的例子便是如此。由于多次和领导沟通不畅，小薇误以为自己不被领导认可，萌生了换工作的想法。

如果我们在沟通时看见双方的优势，结果又会如何呢？

"哦，他之所以这么说，可能是他的某项才干在发挥作用，因为他有这样的优势，而我之所以和他意见不一致，是因为我的某项才干在发挥作用，这其实是我的优势。"

看见双方的优势，我们不仅会理解自己的表达方式，也会理解对方的表达方式，这将有利于双方的沟通。因此，优势视角提供了一种知己识人的途径。

**基于优势视角和上级沟通，为自己打开一个向上管理的窗口。**

 **案例：小丽恍然大悟**

学习优势教练课后，小丽明确了自己的优势和才干——做事专注，不喜欢被打扰。因此，当新领导临时给她布置任务并要求她尽快完成时，她会觉得不舒服。

同时，她也意识到新领导可能是行动、成就才干比较突出，所以新领导的工作节奏快，喜欢尽快完成任务。

直到这一刻，小丽才恍然大悟。

当新领导再次给她布置任务时，她虽然还是会觉得自己的工作被打断了，但是更能理解领导，知道这是因为新领导的才干模式和做事风格。这种做事风格能提升团队的执行力，有助于团队取得更好的业绩。

因此，小丽不再抱怨并及时调整自己的工作重点，配合新领导的工作节奏。

● ● ● ● ●

从开始认为与新领导的"沟通有问题"，到后来看到自己的优势才干，小丽明白了自己为什么在工作被打断时会感到不舒服，同时看到了新领导的优势才干，明白了双方的优势其实都是可利用的资源。

### 2. V = Value 认可价值

在沟通时，对方的优势能带来什么价值？自己的优势又能带来什么价值？

当我们看到各自的优势并意识到这种优势给团队或工作带来的价值和贡献时，我们会更认可对方。这将有助于增加彼此之间的信任，让工作更有效地向前推进，双方的关系也会变得更和谐。

例如，小丽在看到新领导的才干和优势后，意识到这种快节奏的工作模式能够提升团队的执行力，让大家更高效地完成工作，提升团队业绩。于是，她主动调整工作重点，适应这种快节奏的模式。

### 3. G = Goal 基于目标

在认可双方的价值后，我们还需要回到沟通的目标，这会让我们避免在沟通时偏离主题。

小丽在看到双方的优势和价值后，知道这是新领导的才干在发挥作用，而非为难自己。双方的出发点和目标都是为了完成工作，提升团队业绩。基于这个目标，她清楚了自己的工作重点，积极配合新领导完成相关工作，而不再是内心感到不悦。

### 4. S = Support 提供支持

为了达成目标，你可以提供什么支持？你希望对方提供什么支持？想清楚这些问题后告诉对方，当对方感受到你的真诚和意愿时，会更愿意支持你。这是双方达成共识的关键一步，也为下一步的行动计划提供了有力的支持。

例如，如果小丽的新领导再次临时给她布置新任务，而她发现自己要完成的工作量已经饱和，没法再按时完成新任务时，那么她可以向领导提出自己需要哪些支持。

如果在开始沟通时小丽没有及时提出自己的困难和需要的支持，等到临近交付日期时才说自己没办法完成，那么领导会认为她的工作能力不足，从而影响对她的绩效考核。

### 5. P = Plan　明确计划

当明确了领导能够提供的支持后，下一步就可以明确行动计划了。这是沟通的最后一步，有助于计划的执行和落地。

尤其是在职场中，无论向上沟通、向下沟通，还是跨部门沟通，目的都是希望双方能达成共识，继续开展和推进工作。

建立优势视角，积极地引导（无论自己，还是他人），你会收获意想不到的惊喜。在下一节中，你会看到小丽是如何运用SVGSP优势沟通模型与新领导沟通的。

沟通的本质是双方达成共识。在工作中，基于优势进行沟通，我们会更容易看到他人做得好的地方，而不是总盯着对方的不足。这有利于我们做出积极应对。

**与消极应对相比，我们做出积极应对时更容易获得对方的认同。**

**思考清单**

☐ 我和上级的沟通基本很顺畅。

☐ 我和上级的沟通总是不顺利，我的建议总是不被采纳。

☐ 我和同事的沟通无障碍，我们相处融洽。

☐ 我发现很难和同事沟通，我会有意回避。

☐ 我每次和下属沟通都很顺利，下属也能顺利完成任务。

☐ 我发现下属总是理解不了我说的话，工作不能如期完成。

# 基于优势向上沟通，快速踏上升职之旅

在上一节的案例中，小丽的新领导总是临时给她布置任务，而且要求她尽快完成。小丽觉得自己的工作节奏总是被打乱，这让她感到很不悦。

在学习优势教练课后，她找到了答案。一方面，她的专注才干突出，做事情不喜欢被打扰。另一方面，她也意识到新领导的做事风格是基于他的优势才干，于是她基于优势与新领导沟通，最后达成了不一样的结果。

当领导再次临时给小丽布置任务时，她便运用 SVGSP 优势沟通模型与领导进行了沟通。

## 案例：小丽用优势沟通获得支持

"小丽，集团总部计划给各分公司的人力资源部门做一次集中培训，内容是关于公司最近更新的制度。你准备一下培训内容，今天是周二，你这周五做好培训的 PPT，然后发给我。"

小丽听领导这样说，心中不快：怎么又让我做？而且时间还这么紧，我这周还有招聘任务和月度工作总结要完成。

按照以往的风格，她一定会据理力争，想办法推掉，虽然知道可能也推不掉。但这次小丽想用 SVGSP 优势沟通模型试一试。

她站起来，停顿了几秒，尽量心平气和地跟领导说："咱们要给各分公司的人力资源部门做制度培训，我记得之前开会说在年底前完成就行，现在是 8 月，咱们现在就要做吗？"

"是的，这些事情都要提前做。"领导说。

小丽明白了这件事现在就要做，但自己的任务量已经饱和，于是她接着说："我看您经常加班熟悉公司的业务，并且和我们说要提高执行力，行动要快。现在我们的执行力都变得更强了，咱们部门最近落实了不少事，在上次的月度会上，集团还表扬了咱们。所以我很认同这种事情要提前做的想法和做法。只是我担心这周可能来不及完成

PPT，因为这周我有一项招聘任务要完成，现在已经确定了几个人来面试。另外，我还要准备上个月的部门工作总结，这项工作也是我这周必须完成的。做培训的 PPT 需要搜集和整理一些资料，最近公司在做组织架构调整，还需要和其他部门沟通和确认。我担心如果都在这周完成，时间上会有些来不及。"

看领导没有否定，小丽接着说："我知道您希望大家尽快完成任务。您看要不这样，我这周先完成招聘工作和月度总结，下周集中精力做培训 PPT，我争取下周三做出初稿，您看可以吗？"

领导听完，抬起头看了小丽一眼，说："招聘和月度总结这周要完成，你按计划做就行。培训 PPT 你把现有的资料先发我一份，看看需要什么支持，及时和我说。下周三初稿出来，我们再讨论下一步的计划。"

小丽一听高兴地说："好的，领导，我马上发给您，谢谢支持。那我先忙手头的工作，下周三给您 PPT 初稿。"

显然，小丽在基于优势进行沟通时，首先她的态度有了转变，不再据理力争，而是能够心平气和地表达自己的观点。

先处理好自己的情绪再沟通，这在沟通中很重要。说话时的语气会透露出我们的态度。

当小丽确认了领导期待完成培训 PPT 的时间节点后，她开始了优势沟通。下面是她运用 SVGSP 优势沟通模型进行优势沟通时的关键对话。

 **小丽与领导的优势沟通**

我看您经常加班熟悉公司的业务，并且和我们说要提高执行力，行动要快。

**S**：强调领导的执行力

在上次的月度会上，集团还表扬了咱们。

**V**：表达出领导的优势为部门带来的价值

只是我担心这周可能来不及完成 PPT，因为这周我有一项招聘任务要完成……我担心如果都在这周完成，时间上会有些来不及。

**G**：运用 PREP 表达模型说出领导希望快速完成的目标

最近公司在做组织架构调整，还需要和其他部门沟通和确认。

**S**：表达出需要的支持

我知道您希望大家尽快完成任务……这周先完成招聘工作和月度总结，下周集中精力做培训 PPT，我争取下周三给您初稿。

**P**：提出下一步的行动计划

沟通后，领导同意小丽按计划往前推进，并提供了相应的支持。

通过优势沟通，小丽获得了领导的理解和支持，内心很受鼓舞。这种感受与之前她被动地接受任务时的感受很不一样。这次和领导的沟通也帮助小丽争取了一些时间，她可以按照自己的节奏推进各项工作了。

几个月后，小丽发来消息告诉我，她年终的绩效考核是 A，会有不错的年终奖。另外，领导还准备给她升职。

## 小练习

一、回顾最近一次和领导或同事的沟通，沟通结果是否达到了你的预期？如果没有，并且你现在有机会使用 SVGSP 优势沟通模型再沟通一次，你准备怎么说？

**我的优势沟通故事**

| | |
|---|---|
| | **S**：看见优势 |
| | **V**：认可价值 |
| | **G**：基于目标 |
| | **S**：提供支持 |
| | **P**：明确计划 |

二、在接下来的两周，你是否需要向领导汇报工作？如果

你希望这次沟通后获得领导的支持，如资源、预算等，你打算怎么说？如果使用 SVGSP 优势沟通模型、PREP 表达模型，你会怎么说？

使用 SVGSP 优势沟通模型

使用 PREP 表达模型

此外，在生活中，你也可以使用 SVGSP 优势沟通模型、PREP 表达模型来沟通。例如，和父母、孩子、爱人的交流，甚至和朋友的交流。尤其是 SVGSP 优势沟通模型，如果经常使用这个模型，你会成为一个更受欢迎的人。

第六章

# 优势整合：

## 打造高绩效团队

●●●●

　　人是不喜欢被人管的，他们希望被人领导。胡萝卜永远比大棒有效，不信你就拿你的马儿试一试。

　　你可以领着它走到水边，却无法管着让它去喝水。如果你想管人，那就管管你自己。把自己管好，你就愿意停止进行管理了。然后你就会走上领导之路了。

——沃伦·本尼斯，《领导者》

# 如何激发员工工作的积极性

 **案例：吉米和小佳的绩效面谈**

吉米在一家外企担任技术部主管。公司的年度绩效考核刚结束，领导开始和各部门员工谈加薪事宜。技术部的员工最近正在赶一个项目，几乎每天晚上加班到 10 点。

在这种时候和大家谈加薪事宜，吉米感到压力很大，因为一旦员工对加薪感到不满，就可能导致项目进度落后。

但又必须得谈，因为公司规定月底前要完成所有员工的面谈。吉米开始和团队成员做一对一的沟通。周三下午，他在办公室和下属小佳进行沟通，并把考核表递给她。

"这么少啊。"小佳说。

"今年公司的整体加薪情况都不太乐观。"吉米说。

"可是今年我很努力呀，那这次的加薪平均值是多少？"小佳又说。

"这个不能讲，是保密的。"吉米说。

……

"其实，今年有些人涨的比你的还少，这次的加薪幅度都不大，你多理解理解。"吉米说。

"我觉得有些不公平，感觉自己的辛苦付出没有得到应有的回报。而且最近我们一直加班，也没有加班费。"小佳说。

……

"要不你先回去再想想，如果你想找丽丽（丽丽是吉米的直属上司）沟通的话，我可以和她说一下。"吉米说。

"好吧，那我先回去了。"小佳说。

这次谈话结束后，吉米发现小佳在工作上没有以前那样积极了——早上到公司的时间比以前晚，会上也不发言了。同时，吉米还发现其他同事的工作劲头也不高。他觉得需要赶快做些什么来提升团队士气，但又感觉无从下手。

● ● ● ● ●

我和吉米沟通后，发现他不知道如何激励下属。他和小佳就加薪进行的沟通对小佳没有产生任何激励作用，所以小佳在工作上不再像以前那样积极了。我帮吉米分析了团队优势，并示范了如何运用优势沟通模型，他马上就意识到了问题所在，再次和团队成员进行了一对一的沟通。

下面是他和小佳的第二次沟通。

 **案例：小佳受到鼓舞**

"小佳，这个项目快收尾了，你要不要休几天假，好好放松一下？"吉米说。

"好啊，正想和你说休假的事呢。"小佳说。

"休吧，这段时间连续加班，大家都辛苦了。等项目忙完，我向上级争取一次团建。"吉米说。

"好呀。"小佳高兴地说。

"你一直都很努力，也很积极，从毕业后加入公司到现在，这几年成长很快。我知道这次加薪没有达到你的期望，不过不要泄气，你在团队里的付出和贡献，大家都是有目共睹的。丽丽和我都很看好你。"吉米说。

"关于升职，今年你再努力一年，再提高一下自己的技术，如做一些有利于项目完成的软件。需要什么支持，你尽管和我说。年底前，如果你能做出一两个帮助提升工作效率的软件，那就离升职不远了。"吉米接着说。

"好的，谢谢领导支持。"小佳说。

"加油好好干吧，你未来会比我有前途。"吉米说。

"谢谢你的鼓励。"小佳说。

谈话结束后，小佳觉得自己的努力被领导看到和认可，受到了极大的鼓舞。在接下来的几周里，吉米看到小佳的工作态度有了很大的转变，比以前更投入了。

● ● ● ● ● ●

及时认可，激励人心。在职场中，有时员工需要一个理由让自己继续走下去，需要被激励去完成任务。没有人愿意在被忽视和被认为理所应当的情况下长期坚持。

当上司对下属所做的事感到理所当然时，下属往往会觉得沮丧或泄气。一旦上司与下属的关系破裂，就很难再激发下属有优异的表现。

**及时认可，激励人心。没有人愿意在自己被忽视和被认为理所应当的情况下长期坚持。**

作为管理者，你的工作就是让员工感到他们的工作很重要，是他们让一切变得有所不同。当你能看到对方的优势并认可其价值时，就做到了这一点。就像吉米与小佳的第二次沟通一样，你也能够做到激励人心，达到沟通的目的。

下面列出了吉米运用 SVGSP 沟通模型和小佳的关键对话，而且这次他从休假作为切入点，在一定程度上让小佳感到自己的工作压力被理解。

 **吉米与小佳的第二次对话**

你一直都很努力，也很积极，从毕业后加入公司到现在，这几年成长很快。

S：看见优势

你在团队里的付出和贡献，大家都是有目共睹的。丽丽和我都很看好你。

V：认可价值

关于升职，今年你再努力一年，再提高一下自己的技术，如做一些有利于项目完成的软件。

G：基于目标

需要什么支持，你尽管和我说。

S：提供支持

年底前，如果你能做出一两个帮助提升工作效率的软件，那就离升职不远了。

P：明确计划

**思考清单**

☐ 作为管理者，我能看到员工的优势。

☐ 作为管理者，我经常表扬团队成员。

☐ 作为管理者，我总是关注员工的短板。

# 团队管理：了解这 3 种团队，共创卓越表现

团队是由一定数量的、愿意为共同目标而共同承担责任的伙伴组成的群体。在企业中，一般有 3 种类型的团队：依附型、独立型和互补型。

一个人最大的成长空间来自他最强的优势领域。同样，一支基于优势发展的团队，将会释放出每位团队成员的最大潜能。

在基于优势发展的团队里，团队成员的优势备受重视。组建优势团队的关键就在于，个人在团队中如何衡量自己所做的贡献，以及如何将自己的优势与团队成员的优势相结合，共同完成任务。

**3 种类型的团队及其特点**

| 依附型团队 | 独立型团队 | 互补型团队 |
| --- | --- | --- |
| 管理者做出决定，并为团队设定相关议程、优先事项和规则制度，分配工作任务。 | 管理者给出大致的方向，团队成员据此展开各自的工作和任务，对自身工作有一定的掌控。 | 团队成员相互支持，共同完成任务。这种团队能够让每个人都尽可能地发挥自己的长处，聚焦每个人的优势，并管理好自己的短板。 |

如果把团队比喻为一支球队，那么大家聚在一起就是为了进步和赢得胜利。因此，作为团队的一员，我们要发挥自己的优势，主动去做与团队发展方向一致的工作。作为管理者，我们要能够根据每位团队成员的特点和优势分配任务，尽可能地发挥每个人的优势。只有这样，我们才能建立一支有战斗力、高绩效的团队。

 **案例：从没有成就感到带领团队拿到好成绩**

小何是某银行支行的负责人。在工作中，他时常觉得没有成就感，不知道自己的核心竞争力是什么，甚至有一段时间出现了很明显的抑郁症状。

学习优势教练课后，他找到了原因：公司的 KPI 考核要求很严，而他擅长战略分析，所以在工作中他难以发挥自己的才干，这引发了强烈的挫败感。

之后，他开始主动发挥自己的优势。他首先在现有工作中找寻自己优势的用武之地——发挥自己的共情能力，发现员工的长处，带领他们一起进步。

例如，他建议年轻员工做优势测评，带领他们一起学习优势理论，同时根据他们的才干为他们安排合适的工作。一段时间后，他明显感觉大家比之前更有干劲了，自己也更有成就感了。

另外，他认为学习优势教练课对自己最大的帮助就是提升了自己一对一沟通的能力，特别是运用 SVGSP 优势沟通模型，效果很快就得以显现。

以前他也学习过很多有关沟通的知识，但都没能有效落地。现在每当与他人沟通时，他会不自觉地基于优势视角来沟通，尤其在接触新客户时，每次都能取得特别好的沟通效果。

他还带领团队获得了高绩效。在他刚被安排到这家支行的时候，该支行在区域内的排名经常倒数。他用了两年多的时间将团队排名提升到中上水平，最好的一次是在 15 家支行里排名第二。

● ● ● ● ● ●

带领团队从区域排名倒数跃升排名第二，小何分享了三个关键点。

第一，得益于自己的战略思维优势。

小何擅长战略分析，就主动对所有工作的 KPI 指标做了分析，并与排名靠前的支行对标，然后召集团队主要成员一起讨论并达成共识：集中发挥每个人的优势，避免一味地弥补短板。

他们选取了能够快速提升 KPI 的三个指标作为突破点，以便树立团队的信心。与此同时，小何主动发挥自己的学习优势，带领团队研究新产品，拓展业务范围，为长期发展打好基础。

第二，得益于自己的关系建立优势。

小何的个别、伯乐才干也很突出，这两项才干都属于关系建立领域（盖洛普四大优势维度之一，见附录 1）。

运用这些才干，他能够发现团队中年轻人身上的闪光点，并给予他们鼓励和指导。他还主动帮助员工的家属——在他们遇到纠纷时，运用自己的法律知识为他们提供帮助。

渐渐地，团队变得温馨了，各种抱怨少了，凝聚力也增强了。同时，他让有执行力和有影响力的员工放手去做，发挥他们的优势，团队的业绩很快得到了提升。

第三，建立团队认同感。

首先，小何鼓励团队成员坦诚相待，说出自己的真实想法，找寻并发挥自己的才干，让员工都有一种自己的优势被看见的感觉。

其次，他认真倾听并及时给予反馈，让员工知道自己的意见是有价值的。

此外，他向员工说明自己也会犯错，鼓励他们敢于随时指出自己的错误。

当然，不是所有员工都能积极响应。这就需要尽量选拔对团队有认同感、有责任感的员工，减少团队中的"不和谐声音"。

当员工对整个团队有认同感后，其自主性和团队荣誉感便会油然而生，员工之间的合作也会变得深入、顺畅。

**主动发挥优势，运用好团队成员的长处，做到人尽其才，就是打造高绩效团队的秘诀。**

充分运用团队成员的优势，成就卓越团队的能力，取决于团队管理者能在多大程度上了解、欣赏和开始用有意义的方式使用这些信息。一旦你了解如何发挥每位团队成员的优势，大家便能够迅速找到新的合作方法并提高绩效。作为管理者，小何做到了这一点。

# 3 步打造基于优势的高绩效团队

 **案例："这块难啃的'硬骨头'终于解决了"**

　　阿敏是做餐饮管理的。她发现，公司的一些制度并不能被有效落实。在制度推行的开始阶段，员工会按照制度执行，但几周后，如果没有人监督，他们便不再完全依照制度执行。

　　作为负责人，阿敏感到很犯难，员工总是不遵守制度，该怎么办？

　　在学习优势教练课后，她找到了答案。她发现，自己的优势是建立关系，但在执行和监督方面并不擅长，以前她把这种监督绩效考核的事情交给经埋完成，效果也不埋想。现在，运用优势教练技术，她发现，其实经理和自己具有相似的优势才干。

于是，她开始在团队里找更适合承担这项工作的人。她发现，新来的领班执行力很强，在做事方面公平、公正，循章办事。很快，阿敏就将经理和领班的工作做了调整，让领班落实监督团队绩效方面的工作，因为领班会严格按照标准执行；而让经理负责团队建设和顾客维护，这些是他很乐意做的工作。

在接下来的几周里，阿敏发现，制度落实比以前顺利多了，员工都能按照制度执行，团队氛围也更和谐了。

她觉得，这块难啃的"硬骨头"终于解决了！

● ● ● ● ●

这件事让阿敏有了一个深刻的体会：要把员工放在合适的岗位上，发挥其所长，这样才能做到"人岗相适、人尽其才"。以前她总想让团队成员弥补自己的缺点，学习优势教练课后，她开始更多地发现他们的优点，并认可和鼓励他们。

**把员工放在合适的岗位上，让他们发挥所长，才能真正做到"人岗相适、人尽其才"。**

作为管理者，基于优势发展团队，将迎来打造高绩效团队的最佳机会。

## 基于优势打造高绩效团队的 3 个步骤

第一步，了解自己的才干和优势。

管理者首先要清楚自己的才干和优势，知道自己更喜欢和更擅长的做事方式、思维方式，并且能在恰当的时机运用这些优势。阿敏在清楚自己的优势并非执行和监督后，迅速在团队中寻找擅长做这方面的员工负责该项工作。

第二步，看到团队成员的差异化优势，制定个性化管理方案。

管理者还需要具备优势洞察力，能快速识别员工的优势和短板，然后合理用好每个人的优势，避开各自的短板。

阿敏在发现经理做监督和执行工作的效果不佳时，不是让他努力补短板，而是寻找团队里可以更好地胜任这项工作的员工。她让擅长执行工作的领班负责监督团队绩效方面的工作，让擅长关系建立的经理负责团队建设和顾客维护，最后他们都在自己擅长的领域取得了成绩。

关于如何看到员工的差异化优势，你可以遵循"多问和少问"的思路，避免自己总是看到员工的短板，这样就可以针对员工的优势和特点管理团队了。

 **管理者的"多问和少问"**

"多问"

1. 他贡献了什么？
2. 他能做什么？
3. 他做得好的地方有哪些？
4. 他的突出才干是什么？
5. 我有没有提供机会让他发挥自己的优势？

"少问"

1. 他跟我合得来吗？
2. 他不能做什么？
3. 他做得不好的地方有哪些？

第三步，看到团队的共同优势。

高绩效团队在这 4 个维度都有优势：执行力、影响力、关系建立和战略思维。这 4 个维度能够帮助管理者了解团队成员的贡献，以及他们如何完成工作任务、影响他人、建立关系和处理信息。

员工在哪方面的优势更突出，团队的共同优势又是什么，了解了这些，管理者就能有效发挥员工的潜力，打造基于优势的高绩效团队。

世上没有十全十美的人，有高峰必有深谷。当管理者了解并欣赏每名员工的优势时，就能够打造一支基于优势的高绩效团队。

**高绩效团队 4 大优势维度**

将想法落地，懂得如何让事情发生。

知道如何表达意见，能够激励和召唤团队。

擅长建立关系，能将大家团结起来发挥更大力量。

擅长处理信息，帮助团队做出更好的决策。

执行力

影响力

关系建立

战略思维

　　每个人都具有无限潜能。如果员工感到自己的优势被重视，能预期未来的职业发展方向，自己的发展欲望和需求被满足，那么他们就更愿意努力投入工作。

# "1 杯咖啡带来 500 万美元的大订单"

公司新成立一个部门，派谁负责合适？谁更能胜任？部门的职能定位和个人的职业发展规划怎么有效地结合起来？作为管理者，如何高效地与团队成员进行沟通？如何做到人尽其才？如何实现组织的高绩效？

在学习团队优势工作坊课程后，施璐德亚洲有限公司的首席执行官李燕飞女士深受启发。通过不断发挥优势，她在公司盈利、团队管理方面都取得了优异的成绩，而且连任了公司的首席执行官。她将优势视角持续应用于公司运营、团队建设和人才发展等方面，这让她在解决问题方面拥有了新思路。她分享了 3 个关键点。

第一，主动承担责任，进行资源整合。

 **案例："1 杯咖啡带来 500 万美元的大订单"**

一天，在智利出差的李燕飞女士和当地合伙人及其朋友一起喝咖啡时，得知这位朋友刚从中国回来，有意向从中国购买喂鱼船，但没有从中国采购的经验。

感受到这位朋友的顾虑后，李燕飞女士想：我是不是可以做这件事？虽然没有接触过造船业，但采购管理是我的长处。双方沟通后，初步达成合作意向。

回国后，李燕飞女士立刻组织团队做了大量调研，精心选择 5 家合适的船厂。在咨询行业专家、实地拜访后，他们多次优化方案，最终与客户达成协议，确定 6 月 25 日为交付日期。

由于受新冠肺炎疫情影响，原本规模为几千人的船厂只有 30 多名工人在厂里干活。此外，由于物流停滞，原材料也无法及时送到厂里。交付日期眼看就要到了，该怎么办？

"不能辜负客户的信任，这是我们的责任，不能放弃。"带着强烈的责任心，李燕飞女士与各方沟通，鼓励船厂、项目团队尽可能调配资源。

终于在 5 月，船厂工人增加到 1200 名，并实行轮班休息。最终，5 艘喂鱼船如期举行了下水仪式。

谁能想到 1 杯咖啡居然促成了 5 艘喂鱼船——500 万美元的大订单！

　　这件事立刻轰动了整个智利渔业，因为正常情况下，交付 5 艘喂鱼船需要一年的时间，而李燕飞女士带领的团队只用了 4 个月。她的守时守信受到客户高度的赞誉，同时也证明中国制造是值得信任的。

　　强烈的责任心和不轻易放弃的决心是李燕飞女士带领公司迎难而上，并最终完成项目交付的关键。她是如何发挥自己的优势的？下面我分析了她的部分优势才干在整个项目中发挥的作用。

 **李燕飞女士的才干应用**

| 优势才干 | 如何帮助她实现目标 |
| --- | --- |
| 交往 | 在与合伙人及其朋友的闲聊中，她发挥交往才干，捕捉到了智利朋友想在中国采购喂鱼船并抓住这个机会，这也是她的采购管理专业的优势所在。 |
| 学习 | 她发挥学习优势，组织团队进行调研，通过咨询行业专家、实地拜访，多次优化方案，最终与客户达成协议。 |
| 责任 | 当遇到工人紧缺、物流停滞、原材料无法及时到厂的困难时，强大的责任才干让她选择迎难而上：不能辜负客户的信任，这是我们的责任，不能放弃。 |
| 统筹 | 为了按时完成交付，她发挥统筹优势，与各方沟通，调配资源，最终如期交付 5 艘喂鱼船。 |

第二，区别对待不同员工，发挥他们的所长。

以前在管理上，李燕飞女士会以自己的标准要求员工。她所在的公司目标是培养全能型的 CEO，但有时候也会碰到不同的情况。

"我的职业发展不是成为 CEO，至少现在不是，我只想把这件事情做好。"有些人会这样说。

参加团队优势工作坊课程后，她对团队有了新的认知，原来每个人内在需求和擅长的事情是不一样的。

李燕飞女士也发现，人与人之间的确是有区别的。每个人都有自己的长处和短板。她开始理解和接纳每个人的不同。

有些人喜欢研究技术，而有些人则不擅长。有些人喜欢商务谈判，而有些人则更喜欢做具体方案。团队成员需要相互配合，才能实现共赢。于是，她鼓励同事们发挥所长，而不是努力补短。

 ## 案例：与搭档的优势互补

在李燕飞女士供职的公司，首席运营官的关系建立能力特别强，跟大家的关系都很好，但他话不多。

"你要多表达呀。"李燕飞女士以前经常会提醒这位首席运营官，认为他在表达方面需要改进。

学习优势教练课后，她能从优势视角看待团队成员。

她发坝，首席运营官在做事情和关系建立方面很擅长，特别是当项目遇到困难时，他能发挥自己的这些优势，推动整个团队把项目完成。

首席财务官做事严谨，业务能力强，他会想办法控制成本和预算。而李燕飞女士认为，有些事情是需要投资的。一旦遇到这种"不好沟通"的时候，首席运营官就能从中协调，促使他们达成共识。而首席工程师执行力强，能带领团队深耕技术。

李燕飞女士发现了每个人身上更多的闪光点，他们是同事，更是搭档，只有优势互补，才能共赢。

● ● ● ● ●

"通过优势视角看待上下级之间的关系、搭档之间的关系、团队内部的关系，你能发现每个人的优势，以及团队是否有短板，如果有，可以找谁来补上。"李燕飞女士说。

从优势视角出发，李燕飞女士更能理解每位团队成员，不再像以前那样对他们求全责备。

第三，根据每个人的优势和特点安排和部署，并定期追踪。

李燕飞女士在连任首席执行官后，重新部署所有部门，对重要岗位编写岗位说明书，把相应的任务予以分解并要求团队成员执行分解后的任务，每周、每月及时跟进。

每月她会亲自带领每个部门的总经理跟进部门的工作情况。

通过优势视角看待上下级之间的关系、搭档之间的关系、团队内部的关系，你能发现每个人的优势，以及团队是否有短板，如果有，可以找谁来补上。

——李燕飞

 ## 案例：选择做管理还是深耕技术

一次，李燕飞女士临时参加了采购中心的周会。她发现，采购中心已经成立一段时间了，但内部职责似乎还是不清晰。

于是，她让每个人都整理出自己的优势是什么，希望在这个团队里承担的工作角色是什么，以及未来希望深耕和发展的方向是什么。她希望据此进行分级和分工管理。

李燕飞女士帮助团队成员明白，上述 3 个问题可以帮助大家看清楚自己的优势是什么，不管经验方面的、能力方面的，还是个性方面的。

李燕飞女士强调每个成员要有发现自己优势的能力，要明确哪些事情是自己的确有能力做好且愿意长期深耕的。

李燕飞女士让团队成员结合自己的职业规划，在工作中找到优势定位。

分工明确、分级管理是管理者（尤其高层管理者）必须做到的。每个人的优势、能力及发展需求不同，要想人尽其才，就需要先了解他们的需求，同时也要让员工清楚自己的需求，这样他们工作起来才会更有动力。

优秀的管理者，成就自己；卓越的管理者，成就他人。基于优势发展自己和团队，你也可以成为卓越的管理者，就像李燕飞女士一样。

### 思考清单

☐ 我了解同事或搭档的优势。

☐ 同事或搭档也了解我的优势。

☐ 我清楚如何发挥自己的优势和才干，帮助团队实现目标。

☐ 作为管理者，我了解每个人的优势和团队的优势。

☐ 作为管理者，我知道如何利用这些优势打造高绩效团队。

 **优势整合 TIPS**

**1. 区别化对待不同的员工，做到人尽其才。**

通过优势视角看待上下级之间的关系、搭档之间的关系、团队内部的关系，你能发现每个人的优势，以及团队是否有短板，如果有，可以找谁来补上。

2. 自上而下，定期开会追踪。

根据每个人的优势和特点给他们安排工作，每周和每月都进行追踪，让团队里的所有人都能发挥各自的优势。

3. 让员工结合优势和职业规划，明确自己的定位。

帮助员工发现并整理出自己的优势，列出希望在团队里承担的工作角色是什么，以及未来希望深耕和发展的方向是什么，在工作中清楚自己的优势定位。

第七章

# 优势绽放：

## 活出幸福人生

●●●●

每个小孩都是天才，只是妈妈不知道；
每个人都可以比当下厉害 100 倍，只是自己
不相信。

——蔡志忠，漫画家

# 如何基于优势持续精进，活出幸福人生

生活有时一地鸡毛，但我们仍要高歌猛进。当我们拥有了家庭，上有老下有小，还要努力工作时，该如何处理好当下所有的事情，持续精进、活出幸福人生呢？

 **案例："我不想改，就想错"**

小鑫工作 13 年了，依然觉得自己没有什么优势，依旧像"职场小白"，所以很不自信。为了照顾老人和孩子，她申请调岗回老家，成为一名销售人员。但她从未做过销售类的工作。

之前小鑫和儿子分别 2 年，聚少离多。而且孩子的爸爸也在外地上班，所以孩子经受了母爱和父爱的"双重缺失"，内心缺乏安全感。从公司总部回到老家工作，她终于能陪伴儿子了。

小鑫发现儿子学习成绩不好，每天心不在焉。在分析了可能的原因后，她做的第一件事就是跟爷爷和奶奶商量分开住，给孩子"断奶"。

没有爷爷和奶奶的庇护，小鑫成了儿子唯一的依靠并且开始管理孩子的学习。

第一次去见儿子的班主任时，小鑫觉得自己就像犯了错的孩子，在老师面前站了一个多小时。老师拿着儿子的作业，指出了一大堆问题。站在旁边的儿子，看看老师，又看看妈妈，低着头不吭声，一会儿目光就游离起来。"他上课也这样，听着听着就走神了。"老师说道。

从学校出来，老师的话让小鑫心急如焚，一路上都在想该怎么办。

跟丈夫商量后，小鑫觉得需要给孩子补课。她购买了各科教辅书和练习册。晚上，儿子放学回来，她就守着他写作业，并认真检查、修改，还会把他当天学的知识全部重讲一遍。

几天下来，儿子开始反抗，小鑫越是让他好好写字，他就越是不好好写。

"我不想改，就想错！"儿子说。

小鑫听后特别生气。

● ● ● ● ●

一边是适应新岗位，一边是对儿子的担忧，小鑫遇到了人生前所未有的困境。也正因此，她学习了优势教练课，希望能更了解自己、了解儿子，尽快改变现状。

学习了两周后，她知道了自己擅长换位思考，在关系建立方面优势突出。她感到心里笃定了很多，也变得自信了。知人者智，自知者明。"当你知道自己的优势后，再把优势用于工作和生活中，那感觉就完全不一样了！"她这样说。

通过充分运用优势，她很快融入了新环境，与同事们交流顺畅并建立了融洽的关系。而且，她还运用优势沟通，改善了亲子关系。

 **案例：小鑫的优势教育**

学习优势教练课后，小鑫拥有了优势视角，看到了儿子的需求和期待：渴望得到父母的关心和爱护，同时也想做自己，希望父母尊重他、理解他、鼓励他、支持他。

虽然儿子有时很叛逆，但只要跟他好好沟通，他也能听进去。这说明他能分辨是非、体谅父母。

意识到这一点后，小鑫决定跟儿子和谐、友好地相处，让他能独立上学、放学和完成作业。

她开始利用晚上的时间与儿子沟通，承认自己的有些话伤害了儿子并跟他道歉。

"我不原谅，我不原谅！"儿子刚开始听到妈妈的道歉时，嘴里不停地这样说。小鑫能感受到他内心的痛苦，也能感受到他对爱的渴望，就开始对他进行优势赋能。

她每天都会发现孩子做得好的地方，让孩子说出自己的优点并写下来，让他看到自己的优点，认可自己，培养自信心。

她开始与儿子进行优势沟通（见 SVGSP 优势沟通模型），之后他们再也没有发生过激烈的冲突。不久之后，孩子的学习成绩也有所提高。

● ● ● ● ●

在不确定的人生剧场中找到属于自己的确定性，过有准备的人生。小鑫在适应新工作及处理和儿子的关系中，优势视角和优势沟通扮演了重要角色。当我们能处理好当下的生活琐事时，就能收获喜悦，活出幸福人生。

**在不确定的生活中，找到属于自己的确定性，过有准备的人生。**

 **优势教育 TIPS**

1. 明确自己的优势和才干。

2. 看到孩子的优点和闪光点。

3. 引导孩子关注自己的优点和闪光点。

**思考清单**

☐ 我能看到家人的优点。

☐ 与优点相比，我更容易看到家人的缺点和不足。

☐ 作为父母，我能看到孩子的优点。

☐ 与优点相比，我更容易发现孩子的缺点和不足。

# 幸福轮：获得可持续幸福的指南

积极心理学家马丁·塞利格曼提出了持续幸福的模型。这个模型包括 5 个元素：积极情绪、人际关系、投入、成就和人生意义。

我们该如何获得幸福感，并让幸福感持续下去？答案可以从上述 5 个元素中找到。我们也可以借此来审视自己的生活和工作，上述 5 个元素是否都已满足。那些尚未满足的元素就是我们下一步的努力方向。

我们不妨用一座大厦来进行比喻，上述 5 个元素就是这座大厦的 5 根支柱，它们不仅能帮助人们感到更满足，还能带来更高的生产力及更健康的生活，甚至创建一个和平的世界。而大厦的地基则是优势与美德。

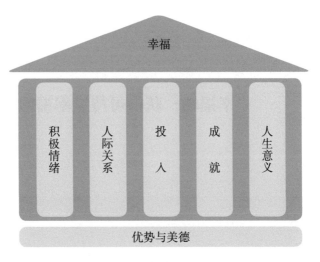

幸福大厦

如果一个人不清楚自己的优势，甚至自我怀疑，那么就很难在工作上发挥出自己的优势。当一个人难以发挥自己的优势时，他的成就感就会比较低，这会直接影响他投入精力及人生意义的实现。

为了让这 5 个元素在工作和生活中落地，我们可以定期做复盘和总结，构建自己的"幸福轮"。幸福轮包括 6 项内容，即工作、健康、情感、娱乐、使命、财务，每一项从 0 分到 10 分，你可以给自己当前在这方面的状态和满意程度打分。

如果你在这 6 项上都给自己打 10 分，那么你现在的状态是最佳的，这也是最理想的状态。你的"幸福轮"可以稳稳地滚动起来，让幸福持续下去。

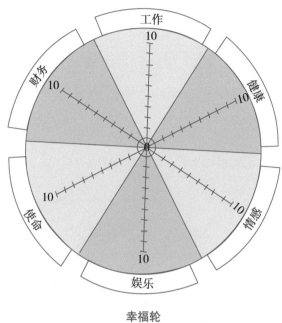

幸福轮

如果你对某几项的打分不到 10 分，那么这几项就是你下一步奋斗的目标。

下面我们以小 A 为例，说明幸福轮的应用。小 A 给自己的工作打 6 分，计划升职或换工作，这是他接下来在工作上的目标。他会在工作上更主动地发挥自己的优势，展现自己的价值，也更愿意投入工作，以收获更多成就。他的幸福大厦也会逐步实现。

小 A 在财务上想要多挣钱，那么就意味着接下来他要更努力地工作，甚至开启副业、投资理财等，增加收入。

小 A 在情感方面想要多陪伴家人，那么就可以留出更多时间给家人。

小 A 在健康、娱乐、使命方面都基本满意，这几个方面暂时维持现状，然后优先在工作、财务、情感上投入精力，发挥优势，付出行动。

 **小 A 的幸福轮及下一步努力的目标**

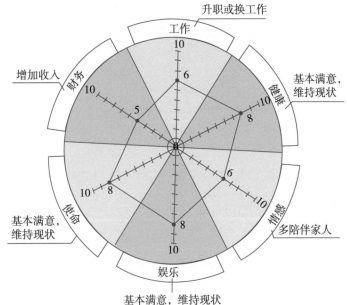

# 小练习

第一步：请在下面的幸福轮上为自己的每一项打分，并用线连起来。

第二步：在旁边写出下一步努力的目标，可参照小 A 的幸福轮。

 **我的幸福轮及下一步努力的目标**

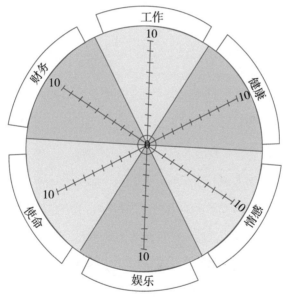

填写好后，请闭上双眼，想象一下，当你在各项上都接近 10 分时，你的生活和工作会是什么样子？

# 助力实现人生目标的 2 个工具

每个人的人生目标取决于其如何衡量自己的人生：有的人以事业成功为目标；有的人以财富自由为目标；有的人以获得人生意义为目标；有的人以自我实现为目标。

通过幸福大厦和幸福轮，我们可以确定自己下一步努力的目标，也可以借此思考自己的人生目标。下一步要努力的目标是我们的近期目标，而人生目标是长期目标。

第一个助力实现人生目标的工具是 SMART 目标制定和管理工具。SMART 是 5 个英文单词的首字母缩写。

## 1. S = Specific 具体的、明确的

我具体要做什么？什么时候做？做到什么程度？产生什么影响？

例如，小 A 下一步努力的目标是"我要换工作"，那么具体想什么时候换，换什么样的工作。当我们写下目标的具体开始时间、完成时间及衡量标准时，这样目标就更容易实现。

## 2. M = Measurable 可衡量的、可量化的

用什么标准来衡量自己的目标是否已完成。例如，成本、数量、质量、时间等有数据约束的衡量标准。

小 A 的目标是"我要换工作"，加上衡量标准后，具体目标可以是"我要在今年 12 月 31 日前换一份薪资增加 50% 的工作"。

当目标可衡量时，这个目标就更加清晰、明确了，不仅有了努力的方向，更有实现的动力。

在公司里比较常见的工作衡量标准是 KPI。当设定年度工作的 KPI 时，我们往往要使用一些数据进行量化描述。如果没有数据，那么公司就很难衡量你的业绩是否达标。

## 3. A = Achievable 可实现的、可达到的

我能实现这个目标吗？实现这个目标有什么挑战吗？我是否拥有足够的资源、技能和支持？想清楚这些问题会让你对完成目标更加坚定。那么，什么样的目标是不可实现或难以实现的？下面举例说明。

"我要从今天（8 月 1 日）开始找工作，一周内找到薪资增加 50% 的工作。"

显然，我们会对"一周内找到薪资增加 50% 的工作"这个目标产生怀疑，客观来说，它不容易实现。

### 4. R = Relevant 相关的、符合实际的

这个目标和我的长期目标有关系吗？这个目标符合我目前的实际情况吗？

小 A 的目标是"我要在今年 12 月 31 日前换一份薪资增加 50% 的工作"。他制定该目标的时间是 8 月 1 日，距离目标实现有 5 个月的时间。如果在这 5 个月里，他还要准备一些重要的认证考试，同时还要兼顾当前的工作并照顾好家庭，那么小 A 不妨根据各项事情的重要性排列优先级，如先完成认证考试，再换工作。

### 5. T = Time-based 有时间限制的

时间限制是指完成目标的具体时间，包括过程中的控制节点、阶段性的标志及里程碑。

小 A 想换一份薪资增加 50% 的工作，完成时间是 12 月 31 日前，期间有没有一些时间控制节点？例如，什么时候开始完善简历，什么时候开始投递简历，这些就是控制节点，也可以称作子目标。

子目标是从总目标拆解而来的，也是阶段性目标。当我们想要实现人生目标时，不妨将总目标拆解成若干个子目标，这样总目标会更容易实现。

下面是小 A 在工作上的总目标和子目标。

 **小 A 的工作目标**

子目标：

( 12 月 31 日前 ) 换一份薪资增加 50% 的工作。→ ·8 月完善简历，9 月投递简历；
·10 月、11 月准备面试；
·12 月拿到录用通知。

( 未来 3~5 年 ) 每年能实现薪资增加至少 30%，开启副业。

( 未来 5~10 年 ) 实现年薪百万，有被动收入，财富自由。

第二个助力实现人生目标的工具是 GROW 模型。GROW 是四个英文单词的首字母缩写。这也是我们在优势教练辅导时常用的工具。你可以应用 GROW 模型找到下一步的行动计划。

 **GROW 模型**

GROW

| Goal 目标 | Reality 现状 | Option 选择 | Will 意愿 |
|---|---|---|---|
| ↓ | ↓ | ↓ | ↓ |
| 我的目标是什么？可以用 SMART 工具写出来。 | 我的现状是什么？例如，我目前的优势和能力如何，能胜任我想要换的工作吗？ | 从现状到目标的达成，我有哪些选择和实现的路径？ | 在这些路径中，哪些是我想做的？我的计划是什么？ |

##  案例：小蓝找到了发展目标

小蓝工作 8 年了，在一家知名 IT 公司做技术服务运营。虽然她每天都很忙，但对工作没有太大热情，总是提不起干劲，这让她感到有些迷茫。

小蓝在学习了优势教练课后，不仅明确了职业方向，还学会了如何运用优势打造高绩效团队。她也找到了自己迷茫、缺乏工作热情的原因：自己的优势才干被压抑了，并且没有管理好自己的短板。

例如，在谈判中需要争取资源或利益，当双方发生分歧的时候，她会本能地选择退让，这样做的结果就是没有工作成果。

在知道这是自己的某些才干过度发挥所致后，她运用了如何正常发挥优势的方法，尽量在谈判中争取双赢，工作也比以前顺畅多了。

她的另外一个重要收获就是找到了自己的发展目标。下面是她运用 GROW 模型做的目标和计划。

## 小蓝运用 GROW 模型做的目标和计划

**G 目标**：持续提升工作能力，实现升职、加薪。

**R 现状**：上有老下有小，房贷和车贷，工作遇到瓶颈，看不到上升空间。

**O 选择**：1. 继续在原岗位探索工作甜蜜点；

2. 转岗。

**W 意愿**：1. 深入认识自己，在接下来的一年通过学习优势教练课深度剖析自己，发挥优势的杠杆作用；

2. 在当前工作中提升自己的技能，通过学习获得相关资质认证，如国际项目管理；

3. 管理短板，在影响力方面的短板严重影响工作汇报和工作成果，争取每周向领导汇报一次。

● ● ● ● ●

当我们对未来有一个清晰的目标时，就像给大脑铺了一条路，大脑就会顺着我们描绘的目标一步一步地往前走。你的近期目标和人生目标是什么？你可以利用 SMART 和 GROW 模型两个工具，快速行动起来。

# 让你的幸福轮转动起来

幸福是生命的意义和使命，是我们的最高目标和方向。

**——亚里士多德**

在哈佛大学最受欢迎的幸福课上，泰勒·本－沙哈尔引导大家思考对于幸福的理解："什么才能使我快乐？"重点就是找出以下 3 个关键问题的答案：什么对我有意义，什么能带给我快乐，我的优势是什么。

幸福就是发现我们在工作、生活中真正想做的事情。如何让自己的幸福轮平稳地转动起来，让幸福持续下去，这是我们每个人毕生要做的事情。

**案例：从提出辞职到成为公司合伙人**

凯莉是一家企业的人力资源总监，也是我们优势教练班的学员。她负责公司的人力资源管理工作，同时也兼任新组建项目组的负责人。

但双重的工作压力让她感到很疲惫，她感到失落至极，找不到自己的价值，不停地否认自己。她终于忍不住向领导提出了辞职申请，但领导并没有批准她的辞职申请，而是给了她两个月的带薪假，让她好好休整一下。

在休假期间，她参加了一些课程，也接受了很多测评，如 MBTI、DISC、领导力等，想要重新认识自己，也想尝试其他发展方向。

一个月后，她被领导召回公司。重返岗位后，她的工作状态依旧，始终振作不起来。

直到有一天，她无意中参加了我为某机构提供的打造个人优势集训课，了解了自己的优势和才干。

弥补短板，可以防止失败；发挥优势，才能通向成功。她之前做的很多测评，一直让她关注自己的短板，她也一度怀疑和否定自己，试图弥补自己的短板。

学习优势教练课后，她的工作状态发生了很大的改变。她将优势教练技术应用在工作上，工作越来越顺利。在兼任的项目组里，她有意识地发挥团队成员的优势，并运用自己的优势来管理短板，还选拔成为公司的第一批合伙人。

凯莉的优势维度是关系建立，个别、体谅、和谐、学习等才干都很突出。

 **凯莉的优势应用**

| 优势才干 | 如何帮助我实现目标 |
| --- | --- |
| 个别、体谅 | 作为人力资源总监，我经常要与人打交道，如面试、绩效面谈、员工关系处理等，这两项才干让我擅于倾听、能敏锐地觉察和感受不同人的情绪。 |
| 和谐 | 在发生矛盾时，我能在公司和员工的立场之间找到平衡点，妥善处理员工关系，所以工作越来越顺利，我越来越有成就感。 |
| 学习 | 我享受学习，也意识到过度发挥才干给我带来的阻碍，沉迷学习，忽略了学习成果。所以我重新制定了学习目标，通过分享、公司内部培训的方式强化自己的学习成果。虽然后期我在学习方面的投入少了，却取得了事半功倍的效果。 |

另外，通过应用学到的"发挥优势、管理短板"方法，凯莉也在项目组负责人的角色上实现了自我突破。

 **案例：从被动接受到主动承担**

凯莉曾一直认为自己的领导力不强，负责的项目也始终没有太大起色。而领导对她负责的项目期望较高，所以有一段时间，凯莉因为业绩不佳而不敢跟领导汇报工作，这导致领导频频给她施加压力。

意识到自己的短板已经对工作产生阻碍后，她开始运用自己的优势管理短板，以期改变现状。

凯莉发挥个别才干，发现了项目组两名成员的优势，并重新分配项目组的工作。其中一名同事擅长对内流程、文件的整理等工作；另一名同事擅长与人沟通，负责宣传和协调工作。凯莉运用自己的关系建立优势，协助其他部门的同事，在力所能及的范围内协助项目组的工作，这样自己就有更多的时间和精力思考如何推进项目。

同时，她定期主动跟领导汇报项目进度，主动了解领导的想法，向领导争取人力等资源，帮助项目组打通了对外宣传的渠道。项目慢慢有了起色，项目组在年底完成了公司预定的业绩目标，还在客户和行业内打开了知名度，被评为公司的优秀项目组。第二年，公司将这个项目作为拳头产品，重点推进。

就这样，凯莉成为一名很有亲和力的管理者。她也从原来被动接受项目安排，到主动承担更多项目任务，在年中被选拔成为公司的第一批合伙人。

● ● ● ● ●

幸福轮包含的 6 项内容（即工作、健康、情感、娱乐、使命、财务）中的任何一项满意程度低于 6 分都会影响我们的心态和状态。

起初，由于两份工作的双重压力，各种琐事和沟通不顺，凯莉提出了辞职申请。她从自我怀疑和否定，到学习优势教练课后对自己的优势有了清晰的了解，从优势视角看待自己和自己的工作，运用自己的优势管理短板，不断突破自我，取得一项又一项成绩，对自己也更自信。她真正做到了基于优势发展，收获了更多喜悦和成就。

想要发挥优势和潜能，想要拥有幸福的生活、获得成就感，我们首先要从了解自己开始，将自己的优势持续应用在工作和生活中，就能从中获得快乐和意义。从现在开始，让你的幸福轮转动起来吧！

## 优势测评工具 1：盖洛普优势测评

心理学家唐纳德·克里夫顿在《现在，发现你的优势》及其升级版《盖洛普优势识别器 2.0》中介绍了盖洛普优势测评，描述了 34 项才干的含义。盖洛普优势测评又叫"克里夫顿优势识别器"。

这是一个在线的个人才干测评，可用于鉴定个人在哪些领域最有潜力和优势。作为一种基于积极心理学的综合性评估方法，这个测评被广泛应用于了解个人和团队的优势，适用于员工、团队、学生、家庭和个人发展等多种场景。

当完成测评后，受测者会收到一份优势报告。如果你选择的是全 34 项的优势测评，那么会收到较为详细的全 34 项优势报告，就能从中看到自己的 34 项才干排序、行动建议和优势维度的分布。

 **克里夫顿优势的 4 大优势维度和 34 项才干**

| 执行力 | | |
|---|---|---|
| 成就 | 统筹 | 信仰 |
| 公平 | 审慎 | 纪律 |
| 专注 | 责任 | 排难 |

| 影响力 | | |
|---|---|---|
| 行动 | 统率 | 沟通 |
| 竞争 | 完美 | 自信 |
| 追求 | 取悦 | |

**优势维度**

| 关系建立 | | |
|---|---|---|
| 适应 | 关联 | 伯乐 |
| 体谅 | 和谐 | 包容 |
| 个别 | 积极 | 交往 |

| 战略思维 | | |
|---|---|---|
| 分析 | 回顾 | 前瞻 |
| 理念 | 搜集 | 思维 |
| 学习 | 战略 | |

　　每一项才干都描述了人们自然而然的思维、感受和行为模式。例如，如果一个人的"成就"才干排序靠前，那么他就会干劲十足，能主动完成任务；如果一个人的"行动"才干靠前，那么他能立即将想法付诸行动，往往会说干就干。

　　这个测评的目的是让个人和团队有机会发现其思维、感受和行为模式。这个测评同时也创造了一种语言，让人们可以通过这种语言清晰且个性化地描述"我是谁、我需要什么、我可以给予什么、我看重的是什么"。在知道自己的前五项才干或突出才干后，我们需要学会如何将这些才干转化为优势成果。

## 优势测评工具 2：VIA 品格优势测评

心理学家马丁·塞利格曼和尼尔·迈尔森在 20 世纪 90 年代后期开始在积极心理学领域探索，并用社会科学来研究人们品格的构成。他们还成立了非营利组织 VIA 品格研究院。

VIA 的英文全称是 Values in Action，即行动中的价值观。VIA 品格优势测评将人的品格分为 6 类美德和 24 项品格优势。

 **VIA 品格优势**

| 智慧和知识 | 创造力、好奇心、好学、洞察力、思维力 |
| --- | --- |
| 勇气 | 勇敢、正直、活力、坚韧 |
| 人道主义 | 爱、善良、人际智力 |

| 公正 | 公平、领导力、团队精神 |
| 节制 | 宽恕、谦逊、审慎、自律 |
| 卓越 | 欣赏美、感恩、希望、幽默、灵性 |

　　这些描述的本质是对一个人品格的积极方面进行分类和命名。完成这个测评后，你会看到自己 24 项品格优势的排序。

　　例如，"创造力"排名靠前的人趋于"以思考新颖而富有成效的方式来做事，包括但不限于艺术成就"；"活力"排名靠前的人会表现为"充满激情和活力地对待生活，做事不半途而废，把生活当作冒险，感觉充满活力、生机勃勃"。

　　2003 年，VIA 品格研究院发布了 VIA 品格优势测评问卷，并且免费对公众开放。另外，清华大学积极心理学研究中心根据中国文化的特点，自主研发了最新的中国人性格优势调查问卷。你可以关注微信公众号"Alicia 王玉婷"，免费领取 VIA 品格优势测评问卷。

盖洛普优势测评和 VIA 品格优势测评均基于积极心理学原理，二者之间的差异是鉴别的优势类型不同：

- 盖洛普优势测评将优势才干定义为可以被发展的、能达成近乎完美表现的、天生的能力；
- VIA 品格优势测评专注于品格优势，帮助人们发现在卓越表现中的积极人格特质。

关于以上两个工具的介绍，你还可以参考盖洛普公司、VIA 品格研究院、清华大学积极心理学研究中心的相关介绍。